乡村低影响开发技术丛书

农村太阳能利用技术应用指南

宋　波　主编

中国建筑工业出版社

图书在版编目（CIP）数据

农村太阳能利用技术应用指南/宋波主编. —北京：
中国建筑工业出版社，2017.12
（乡村低影响开发技术丛书）
ISBN 978-7-112-21310-8

Ⅰ．①农… Ⅱ．①宋… Ⅲ．①农村能源-太阳能
利用-指南 Ⅳ．①S214-62

中国版本图书馆 CIP 数据核字（2017）第 245141 号

责任编辑：田立平　毕凤鸣
责任设计：李志立
责任校对：李美娜

乡村低影响开发技术丛书
农村太阳能利用技术应用指南
宋　波　主编

*

中国建筑工业出版社出版、发行（北京海淀三里河路9号）
各地新华书店、建筑书店经销
霸州市顺浩图文科技发展有限公司制版
北京圣夫亚美印刷有限公司印刷

*

开本：787×1092毫米　1/16　印张：13¼　字数：331千字
2018年1月第一版　　2018年1月第一次印刷
定价：**39.00**元
ISBN 978-7-112-21310-8
（31031）

本书编委会

主　　　编：宋　波

编写人员：邓琴琴　苏　醒　黄　莉　凌　薇　张　旭　郑荣跃

　　　　　冯国会　王建奎　冯　雅　姚卫国　周　翔　侯玉梅

　　　　　曹　慧　李　刚　叶　宏　李　杰　高　璐　高贺轩

主要编写单位：中国建筑科学研究院

参加编写单位：同济大学

　　　　　　　哈尔滨工业大学

　　　　　　　宁波大学

　　　　　　　中国西南建筑设计研究院有限公司

　　　　　　　陕西省建筑科学研究院

　　　　　　　沈阳建筑大学

　　　　　　　浙江省建筑科学设计研究院有限公司

　　　　　　　浙江煜腾新能源股份有限公司

　　　　　　　威海震宇智能科技股份有限公司

前　言

　　能源是人类社会发展的物质基础，能源安全是国家安全的重要组成部分。面对能源供需格局新变化、国际能源发展新趋势，国家发展改革委、国家能源局印发关于《能源生产和消费革命战略（2016—2030）》的通知。《战略》提出，到 2020 年，我国能源消费总量将控制在 50 亿吨标准煤以内，清洁能源成为增量主体，非化石能源占比 15%；单位国内生产总值二氧化碳排放比 2015 年下降 18%；单位国内生产总值能耗比 2015 年下降 15%。

　　太阳能作为其中一种资源潜力巨大的可再生能源，将在我国清洁能源战略中扮演举足轻重的角色。其中太阳能光热利用由于具有"低投入、高回报、可连续供能"的明显特征，对今后我国太阳能产业乃至能源整体供应的发展具有重要影响。太阳能的建筑热利用技术和太阳能热发电技术已明确列入国务院 2006 年颁布的《国家中长期科学和技术发展规划纲要（2006—2020 年)》。

　　我国从 20 世纪 80 年代中期开始推行建筑节能，但建筑节能技术的研究主要集中在城市，颁布的节能目标和强制性标准主要针对城市建筑。为了推进我国农村居住建筑节能工程的建设，住房与城乡建设部于 2012 年底发布了《农村居住建筑节能设计标准》GB/T 50824—2013，对农村居住建筑提出了节能指标，并根据农村现状提出了一些建筑节能技术，同时标准还指出，有条件时农村居住建筑中应采用可再生能源作为供暖、炊事和生活热水用能。太阳能和生物质能是西北农村最可广泛获取的可再生能源，利用太阳能和生物质能满足农户冬季供暖、炊事和生活热水需求具有显著地域优势。对农村建筑进行节能保温，并用太阳能和沼气互补的供暖系统为农民提供炊事燃气、生活热水和冬季采暖用能，使用方便无污染，可显著改善人居环境，缓解我国能源供应不足的现状，有利于我国美丽乡村的建设。

　　本书主要内容为国家十二五科技支撑计划课题研究成果和部分工程案例汇总，由中国建筑科学研究院会同多家同行机构农村太阳能利用领域的专家编写，涵盖了农村建筑用太阳能利用技术的基础知识、系统设计、评价方法以及应用案例。

　　本书内容共有 6 个章节和 3 个附录。第 1 章为绪论；第 2 章为太阳能被动式利用技术；第 3 章为太阳能炕供暖技术；第 4 章为太阳能干式发酵集中制沼技术；第 5 章为太阳能利用系统集散式控制技术；第 6 章为案例介绍；附录介绍了本书术语、农村建筑节能相关政策和技术标准以及与农村地区太阳能利用技术相关的标准政策汇总。

　　本书适用于从事农村建筑节能特别是太阳能利用方面工作的设计人员、施工人员、科技人员及广大农民等。

　　本书在编写过程中，得到了很多专家和相关领导的关心、大力支持和指导，同时在编制中参考了一些公开发表的文献资料，在此一并表示深深的谢意！

　　由于编写时间较紧且编者水平和经验有限，书中难免有疏漏和不妥之处。随着农村建筑节能的不断深入、不断完善和不断发展，本书内容也许并不能全面地为农村建筑建设服务，敬请同行专家和广大读者批评指正，提出建议，以便再版时修订，促使本书更好地为社会主义新农村建设服务。

本书编委会

2017 年 6 月 26 日

目　　录

第1章 绪 论

1.1 太阳能相关基础知识

太阳能是各种可再生能源中最重要的基本能源，生物质能、风能、太阳能、海洋能、水能等都来自太阳能。广义地说，太阳能包含以上各种可再生能源。太阳能作为可再生能源的一种，则是指太阳能的直接转化和利用。太阳能以其清洁、储量巨大、成本低、无地域限制和能源质量高等众多优点成为可再生能源利用的优先资源。

目前建筑能耗在人类总能耗中占有较大比重，要调整原有能源消费模式，在建筑业中充分利用太阳能的重要性就不言而喻。太阳能应用方式可以分为被动式与主动式两个范畴。被动式指的是基础的太阳能利用，一般是通过建筑物合理的朝向、构造以及建材的运用来利用热辐射；主动式则是运用光热、光电等可控技术来利用太阳能资源。

我国具有丰富的太阳能资源，年日照时数在 2200h 以上的地区约占国土面积的 2/3 以上，各地区太阳总辐射量相差较大，大致在 3348～8371MJ/（m^2 · a）之间，平均为 5860MJ/（m^2 · a），年辐射量超过 600MJ/m^2，每年地表吸收的太阳能相当于 17 万亿 t 标准煤的能量，约等于上万个三峡工程发电量的总和。5860MJ/（m^2 · a）的等值线在地形图上的分布呈一明显的分界线，将全国从东北向西南由大兴安岭西麓向西南至云南和西藏的交界处分为两大部分。根据太阳辐照量的多少，可将我国划分为四类地区，其分布见表1.1-1。全国太阳辐照量特点表现为西部高于东部，北方高于南方，西北地区太阳辐射量多，高于 5860MJ/（m^2 · a）。

我国的太阳能资源区划指标 表 1.1-1

资源区划代号	名称	太阳辐照量 MJ/（m^2 · a）
I	资源丰富区	≥6700
II	资源较富区	5400～6700
III	资源一般区	4200～5400
IV	资源贫乏区	<4200

利用 2004～2014 年逐年全国气象台站总辐射和日照观测资料，经统计分析和插值处理，得到全国陆地 2.5°×2.5° 的格点要素资料，用于评估 2014 年太阳能资源参数的年景特征。图 1.1-1 给出了 2014 年全国陆地表面水平面总辐射年辐照量，其平均值为 1492.6 kWh/m^2，较近 10 年（2004～2013 年）平均值偏少 8.1kWh/m^2。

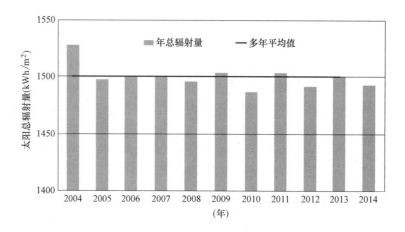

图 1.1-1 2004～2014 年全国地表太阳年总辐射量

1.2 太阳能主被动式利用技术分类与特点

太阳能利用方式的选择，应根据所在地区气候、太阳能资源条件、建筑物类型、使用功能、农户要求，以及经济承受能力、投资规模、安装条件等因素综合确定。

1.2.1 太阳能被动式利用技术

被动式太阳能建筑是指利用建筑本身作为集热装置，依靠建筑方位的合理布置，以自然热交换的方式（传导、对流及辐射）使建筑达到采暖降温目的的建筑。

被动式太阳能建筑仅在建筑物上采取技术措施，部分时刻需借风扇加强热量交换，而大多数时刻无需机械动力促进热量的传递。太阳能建筑既不需要太阳集热器，亦不需要水泵或风机等机械设备，只是通过合理布置建筑物的方位，改善窗、墙、屋顶等建筑物结构，合理利用建筑物材料的热工性能，以自然热交换的方式使建筑物尽可能多地吸收和储存能量，以达到采暖目的。

此外，被动式太阳能建筑还具有构造简单、造价低廉、效果好的特点，这也是能促进被动式太阳能建筑发展的重要原因。被动式太阳能建筑的造价一般比传统建筑高 15%～25%，一般需要 6～8 年收回投资；缺点是完全受到太阳能资源的影响，存在着不稳定性和效率低的突出问题。

习惯上，将采用被动式太阳能技术的建筑称为"被动式太阳房"。被动式太阳房通过建筑朝向和周围环境的合理布置、内部空间和外部形体的巧妙设计以及建筑材料、结构与构造的恰当选择，使其在冬季能集取、保持、储存和分配太阳热能，而夏季可以抵挡部分太阳辐射，释放室内热量，达到采暖和降温的目的，适度解决建筑物的热舒适问题。

被动式太阳房主要分为直接受益式、集热蓄热墙式和附加阳光间式三种，其中直接受益式与附加阳光间式较适宜东北农村居住建筑采用。

1. 直接受益式

图 1.2-1 所示，是利用阳光直接加热采暖房间。冬天，阳光透过宽大的南窗玻璃，直接照射到室内的墙壁、地面和家具上，使它们的温度升高，并在其中蓄存热量。到夜间，

当室外温度和房间温度开始下降时，在墙、地面和家具中蓄存的热量又逐渐释放出来，使室内温度维持到一定水平而不致过度下降。直接受益式是被动式太阳房中最简单而又最常用的形式，其集热效率较高，造价低廉，容易操作，但对室外环境变化的反应比较敏感，不利于室内温度的稳定。因此，该类型应注意窗的夜间保温。

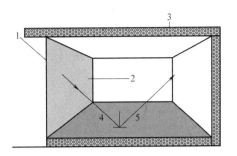

图 1.2-1　直接受益式

1—阳光；2—双层玻璃；3—高效绝热层；

4—对流热；5—辐射热

直接受益式太阳房主要是依靠南窗使室内温度获得太阳热能，因此这种太阳房通常设有宽大的透明南向窗（北半球），太阳光能直接射入室内加热内墙和地面。当夜晚房间温度开始下降时，贮存在墙体和地板的热量便释放出来，使室内温度维持在一定的水平，达到供暖目的。

直接受益式的要点是结构简单、造价较低、使用方便、维护容易，白天进入室内的热量多、效率较高。但必须处理好以下几个问题：

（1）阳光集中在白天进入室内，因此必须设置足够的热质较大的表面积（房间的围护结构），才能避免过大的室温波动。

（2）获得太阳能量必须满足居住者的舒适度要求，因此必须注意使太阳光线在每年需要它的时间（冬季）照进室内，而在每年不需要它的时间（夏季）避开。

（3）应该将通过窗玻璃的热损失尽可能降低到最低限度，因此必须有较好的保温措施。此外，由于过大的南向玻璃窗会使光线太强，使人易产生眩晕感，因此，需要在设计中加以注意。

目前南窗多采用木质材料制作，有单层、双层和单框双层玻璃三种形式。为了减少热损失，窗的保温设施可采用保温窗板、夹铝箔的保温窗扇、棉窗帘等多种形式。

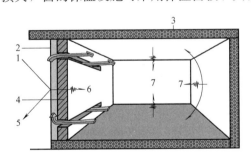

图 1.2-2　集热蓄热墙式

1—阳光；2—双层玻璃；3—高效绝热层；

4—集热墙体；5—热损失；6—传导热；7—辐射热

2. 集热蓄热墙式

图 1.2-2 所示，是利用南向垂直集热蓄热墙吸收透过玻璃的阳光，通过传导、辐射及对流，把热量送至室内。墙的外表面宜涂成黑色或深色，以便有效吸收阳光。采用集热蓄热墙式被动式太阳房的室内温度波动小，但效率较低，成本较高，不利于维护。

集热蓄热墙式一般结构包括温室、采暖房、蓄热层和围护结构。温室在采暖房的南面，顶部向南倾斜。温室和采暖房的隔墙上设有通风口，温室的隔墙表面对太阳光的吸收率较大，隔墙内为保温材料。温室顶部和东面、西面、南面为透明玻璃结构。温室及采暖房底部为蓄热床，充填岩石等蓄热介质。

在大多数情况下，墙体与玻璃之间的温升要比墙表面的温升快，因此受热空气可通过墙体上部开设的通气口进入室内进行供暖。室内冷空气则通过墙下部的通气口进入空气夹层。这种对流过程不断进行，形成自然循环。晚上，关闭上下通气口，依靠集热墙将白天贮存的热量继续传至室内。由于这种设计首先由法国人特朗勃提出，因此习惯上称为特朗勃墙。

集热蓄热墙体所用的材料有砖、土坯、混凝土和水泥等多种。为了增加墙体的吸热率，在墙体的外表面涂上无光黑漆、深蓝色涂料或选择性涂层等。有的集热蓄热墙的热墙设计无通气口。

集热蓄热墙式太阳房的优点是室温波动比直接受益式小。目前国内集热蓄热墙的热效率一般在20％左右。为了使室内既能进行自然采光，又能较好地利用太阳热能，我国这类太阳房多采取直接受益式和集热蓄热墙结合方式，称为槛墙式。

3. 附加阳光间式

如图1.2-3所示，是集热蓄热墙系统的一种发展，将玻璃与墙之间的空气夹层加宽，形成一个可以使用的空间。这种系统其前部阳光间的工作原理与直接受益式系统相同，后部房间的采暖方式则类似于集热蓄热墙式。附加式阳光间内的空气经太阳的照射而升温，将太阳能转化为热能供给房间使用，又可在夜间作为缓冲区，减少房间热损失。

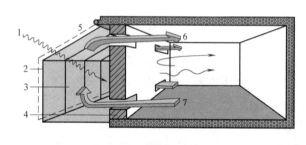

图1.2-3　附加阳光间式
1—阳光；2—装配玻璃；3—温室；4—蓄热体；5—遮阳（外部百叶窗）；6—热空气（日间）；7—冷空气

1.2.2　太阳能主动式利用技术

太阳能主动式利用技术包括太阳能光热利用和太阳能光电利用。限于经济条件和生活水平的制约，太阳能光伏发电投资高，运行维护费用较大，因此，除市政电网未覆盖的地区外，太阳能光伏发电在农村地区利用需要全面考虑。而太阳能热水在农村已经普遍应用，尤其是家用太阳能热水系统。太阳能供暖在农村已实施多项示范工程，是改善农村居住建筑冬季供暖室内热环境的有力措施之一。在农村居住建筑中，太阳能利用一般以热利用为主，选择的系统类型应与当地的太阳能资源和气候条件、建筑物类型和投资规模等相适应，在保证系统使用功能的前提下，使系统的性价比最优。

1.2.2.1　太阳能光热技术

1. 太阳能生活热水系统

选用太阳能热水系统时，宜按照家庭中常住人口数量来确定水容量的大小，考虑到农民的生活习惯和经济承受能力，设定人均用水量为30～60L。

在农村居住建筑中，普遍使用家用太阳能热水系统提供生活热水。至2007年，农村中太阳能热水器保有量达4300万m^2（约为2150万户）。随着家电下乡的热潮，其在农村的使用更加广泛，但是由于产品良莠不齐，造成的产品纠纷以及安全隐患也在增加，所以，应选择符合现行国家标准《家用太阳热水系统技术条件》GB/T 19141的产品。

紧凑式直接加热自然循环的家用太阳能热水系统是最节能的，集热管（板）直接与贮热水箱连接的紧凑式，无需管路或管路很短，从而减少集热部分损失；集热管（板）中水与贮热水箱中水连通的直接加热，换热效率高；自然循环系统无需水泵等加压装置，减少造价和运行费用，较适宜农村居住建筑使用。

太阳能热水系统是利用太阳辐射能把水加热的装置，是太阳能利用装置中技术较为成熟、使用较为广泛的一类。太阳能热水系统不仅能为家庭和公共建筑提供 40~60℃ 的低温生活用水，还可以为温室、暖房、干燥蒸馏、制冷等热力系统和工农业生产提供较高温度的热水。由于太阳能热水系统在运行过程中不消耗常规能源，具有安全、卫生、方便等优点，因此，太阳能热水系统在节约能源、减少环境污染等方面具有一定的经济效益和社会效益。太阳能热水系统包括户用太阳能热水器与太阳能集中供热水系统。

太阳能热水系统一般是由集热器、贮水箱、循环管路及辅助装置组成。

（1）集热器是太阳能热水器的核心部件，它的作用是吸收太阳能并将热量传递给工质（水）。

（2）贮水箱是太阳能热水系统贮存热水并减少向周围环境散热的装置。

（3）循环管路连接集热器和贮水箱，使之形成循环加热系统。

（4）辅助装置是指支架、各种管件接头、夹具、阀门等零部件。大中型太阳能热水系统中使用的水位显示器、温度控制器、循环水泵和电磁阀等也是辅助装置的组成部分。

2. 太阳能供暖系统

在分散的农村居住建筑中，采用生物质能或燃煤作为供暖或炊事用热时，太阳能热水系统与其结合使用，以保证连续的热水供应。当太阳能家用热水系统仅供洗浴需求时，不必再设置一套燃烧系统增加系统造价。

由于建筑物的供暖负荷远大于热水负荷，为得到更大的节能效益，在太阳能资源较丰富的地区，宜采用太阳能热水供暖技术或主被动结合的空气供暖技术。

太阳能热水供热采暖技术采用水或其他液体作为传热介质，输送和蓄热所需空间小，与水箱等蓄热装置的结合较容易，与锅炉辅助热源的配合也较成熟，不但可以直接供应生活热水，还可与目前成熟的供暖系统如散热器供暖、风机盘管供暖和地面辐射供暖等配套应用，在辅助热源的帮助下可保证建筑全天候都具备舒适的热环境。但是，采用水或其他液体作为传热介质也为系统带来了一些弊端，首先，系统如果因为保养不善或冻结等原因发生漏水时，不但会影响系统正常运行，还会给居民的财产和生活带来损失；其次，系统在非供暖季往往会出现过热现象，需要采取措施防止过热发生；系统传热介质工作温度较高，集热器效率较低，系统造价较高。

与热水供暖系统相比，空气供暖系统的优点是系统不会出现漏水、冻结、过热等隐患，太阳的热量可直接用于热风供暖，省去了利用水作为热媒必需的散热装置；系统控制使用方便，可与建筑围护结构和被动式太阳能建筑技术很好结合，基本不需要维护保养，系统即使出现故障也不会带来太大的危害。在非供暖季，需要时通过改变进出风方式，可以强化建筑物室内通风，起到辅助降温的作用。此外，由于采用空气供暖，热媒温度不要求太高，对集热装置的要求也可以降低，可以对建筑围护结构进行相关改造使其成为集热部件，降低系统造价。

建筑物的供暖负荷远大于热水负荷，如果以满足建筑物的供暖需求为主，太阳能供热采暖系统的集热器面积较大，在非供暖季热水过剩、过热，从而浪费投资、浪费资源以及因系统过热而产生安全隐患，所以，太阳能供暖系统必须注意全年的综合利用，供暖期提供供热采暖，非供暖期提供生活热水、其他用热或强化通风。此外，太阳能供热采暖技术一般可与被动太阳能建筑技术结合使用，降低成本。

现行国家标准《太阳能供热采暖工程技术规范》GB 50495 基本解决了以上技术问题，目前已取得了良好效果。该标准在设计部分对供热采暖系统的选型、负荷计算、集热系统设计、蓄热系统设计、控制系统设计、末端供暖系统设计、热水系统设计以及其他能源辅助加热/换热设备选型都作出了相应的规定，农村居住建筑太阳能供热采暖系统设计应执行该标准。

太阳能是间歇性能源，在系统中设置其他能源辅助加热/换热设备，既可保证太阳能供热采暖系统稳定可靠运行，又可降低系统的规模和投资，否则将造成过大的集热、蓄热设备和过高的初投资，在经济性上是不合理的。辅助热源应根据当地条件，优先选择生物质燃料，也可利用电、燃气、燃油、燃煤等。加热/换热设备选择生物质炉、各类锅炉、换热器和热泵等，做到因地制宜、经济适用。

3. 太阳能光热产品

太阳能光热产品与建筑的结合方式主要有如下两种：

（1）平屋面集热器安装

平屋面集热器安装预埋件要采用可焊性良好的钢材，钢筋采用一级钢，焊条采用E43，焊缝厚度均应大于或等于焊件厚度。图1.2-4～图1.2-8是太阳能集热器在平屋面的安装图。

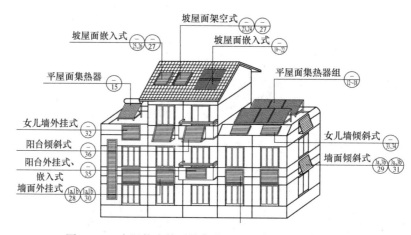

图 1.2-4　太阳能光热系统集热器（热水器）安装示意图

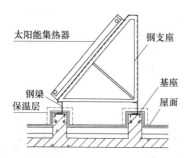

图 1.2-5　太阳能集热器安装侧面示意图

（2）坡屋面集热器安装示意图

图 1.2-9 和图 1.2-10 是太阳能集热器在坡屋面上的安装图。

4. 太阳能热水系统施工检查

对于太阳能热水系统的施工过程，要做好以下几点：

（1）用于太阳能热水系统的产品、材料、部件等外观完好、无破损，其品种、规格应符合设计要求和相关标准的规定。

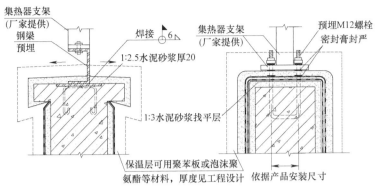

图 1.2-6　平屋面预埋件安装侧面示意图

图 1.2-7　平屋面预埋件安装

图 1.2-8　平屋面集热器安装

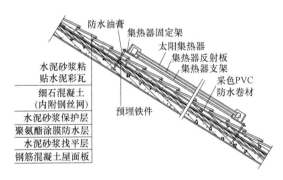

图 1.2-9　集热器顺坡架空设置

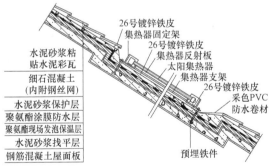

图 1.2-10　集热器顺坡镶嵌设置

（2）预制的集热器支架基座的安装应牢固，不松动。

（3）安装固定式太阳能热水器，朝向应正南。如受条件限制时，其偏移角不得大于 15°。

（4）安装太阳能集热器玻璃前，应对集热排管和上、下集管作水压试验，试验压力为工作压力的 1.5 倍。

（5）太阳能热水器的最低处应安装泄水装置。热水箱及上、下集管等循环管道均应保温。

（6）凡以水作介质的太阳能热水器，在0℃以下地区使用时，应采取防冻措施。

1.2.2.2　太阳能光电技术

1. 太阳能光伏系统分类

太阳能光伏系统是采用太阳电池将太阳的光能直接转换成电能。太阳电池是利用光伏效应进行工作的，故也称之为光伏（PV）器件。由太阳电池组成的太阳电池板、蓄电池和控制电路一起构成太阳光电系统，简称光伏系统。

按照光伏发电系统与公共电网的连接方式，光伏发电系统可以分为离网光伏发电系统与并网光伏发电系统两大类。

光伏发电系统不与公共电网相连接而独立供电的太阳能光伏发电系统称为离网光伏发电系统，主要包括光伏阵列（太阳电池方阵）、蓄电池组、控制器、逆变器等。如系统需要、当地资源良好，可以与柴油发电机组、风力发电机组结合，构成风、光互补系统。离网光伏发电系统主要应用于远离公共电网的无电地区和一些特殊场所。

与公共电网相连接且共同承担供电任务的太阳能光伏发电系统称为并网光伏系统，如图1.2-11所示。并网光伏发电系统无需蓄电池储能设备，而将电网作为储能单元，利用光伏阵列将太阳能转换为直流电能，通过并网逆变器将太阳能发出的直流电逆变成50Hz、230/380V的交流电并入电网。并网系统由太阳能电池方阵、并网逆变器等组成。并网光伏发电技术是太阳能光伏发电进入大规模商业化发电阶段、成为电力工业组成部分的重要发展方向，是当今世界太阳能光伏发电技术发展的主流趋势。

并联型太阳能光伏发电系统如图1.2-12所示。

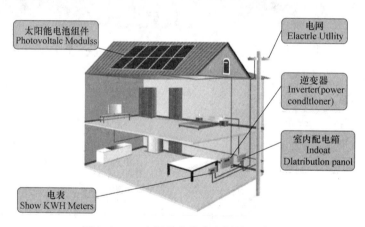

图1.2-11　太阳能光伏发电系统示意图

并网光伏发电系统分为开阔地大型并网光伏发电系统和建筑光伏两种应用形式。在建筑物上安装光伏系统的初衷是利用建筑物的光照面积发电，既不影响建筑物的使用功能，又能获得电力供应。由于光伏系统安装在电网的用户终端，无需额外输电投资，而且光照强度与负荷强度通常是吻合的，有调峰功效，可谓一举多得。

建筑光伏分为建筑附加光伏（BAPV）与建筑集成光伏（BIPV）两种。

建筑附加光伏（BAPV）是把光伏系统安装在建筑物的屋顶或者外墙上，建筑物作为光伏组件的载体，起支撑作用。光伏系统本身并不作为建筑的构成，换句话说，如果拆除光伏系统后，建筑物仍能够正常使用。当然建筑附加光伏不仅要保证自身系统的安全可

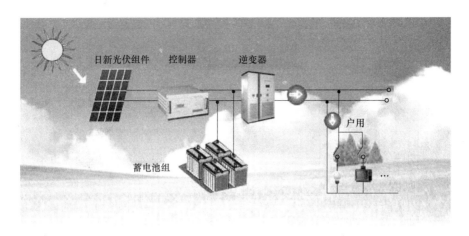

图 1.2-12　并联型太阳能光伏发电系统示意图

靠,同时也要确保建筑的安全可靠。

建筑集成光伏（BIPV）是指将光伏系统与建筑物集成一体,光伏组件成为建筑结构不可分割的一部分,比如光伏屋顶、光伏幕墙、光伏瓦和光伏遮阳装置等;如果拆除光伏系统则建筑本身不能正常使用。把光伏组件作为建材,必须具备建材所要求的几项条件,如坚固耐用、保温隔热、防水防潮、适当强度和刚度等性能。建筑集成光伏是光伏建筑一体化的更高级应用,光伏组件既作为建材又能够发电,一举两得,可以部分抵消光伏系统的高成本,有利于光伏的推广应用。建筑光伏的主要应用形式包括光伏系统与建筑屋顶相结合、光伏与墙体相结合、光伏幕墙及光伏组件与遮阳装置相结合等四类。

2. 太阳能光伏发电系统构成

（1）住宅用太阳能光伏发电系统

住宅用太阳能光伏发电系统,由屋顶上安装的太阳电池组件、在室内（或室外）安装的功率调节器（包含逆变器和并网保护装置等）以及连接这些设备的布线及接线箱、安装在交流侧的电度表等构成,如图 1.2-13 所示。

（2）屋顶直接放置型

屋顶直接放置型是在防火、防水的屋顶表面,利用支撑金属件安装太阳电池组件的方式,如图 1.2-14 所示。图 1.2-15 是支撑金属件的排列方式。图 1.2-16 是安装支撑金属件的方法。图 1.2-17 是屋顶直接放置形式。

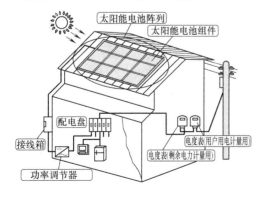

图 1.2-13　住宅用太阳能光伏发电系统

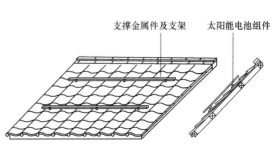

图 1.2-14　屋顶直接放置型

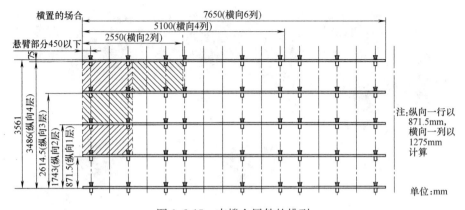

图 1.2-15 支撑金属件的排列

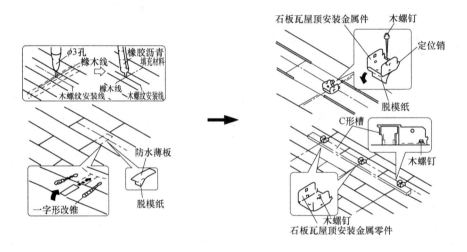

图 1.2-16 安装支撑金属件的方法

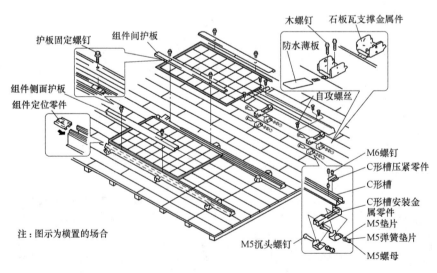

图 1.2-17 屋顶直接放置型构成图

3. 适用场所

太阳能光伏发电系统适用于我国西部偏远的农村地区，主要由于太阳能资源丰富、建筑密度低、有充足的集热器摆放位置、偏远地区缺少供电基础设施等。确定采用太阳能光伏发电系统前，需要经过详细的技术经济分析。

1.2.2.3 太阳能制冷与空调系统

太阳能制冷主要可以通过光—热和光—电转换两种途径实现。其中，光—热转换制冷是指太阳能通过太阳能集热器转化为热能，根据所得到的不同热能品位，驱动不同的热力机械制冷。太阳能热力制冷可能的途径主要有除湿冷却空调、蒸汽喷射制冷、朗肯循环制冷、吸收式制冷、吸附式制冷和化学反应制冷等。光—电转换制冷是指太阳能通过光伏发电转化为电力，然后通过常规的蒸气压缩制冷、半导体热电制冷或斯特林循环等方式实现制冷。当前的太阳能空调技术包括两类，分别为太阳能光伏空调与太阳能光热空调。

结合目前国外应用情况和我国经济、技术和市场情况来看，最有可能得到应用和推广的方式为太阳能吸收式制冷、太阳能吸附式制冷和太阳能除湿冷却空调。其他方式由于经济或技术原因目前只能在一些特定领域中应用，尤其是光—电转换制冷技术。电制冷的技术是传统技术，非常成熟，推广和应用的主要障碍在于光—电转换的经济性，在可预见的很长一段时间难以得到推广和应用。

吸收式制冷是建筑空调系统中常用的一种制冷技术，其原理如图 1.2-18 所示。在夏季利用太阳能作为主要能源，借助少量电能，为热能驱动式制冷机提供其发生器所需要的热水，从而达到制冷的目的，冬季则利用收集的太阳能供暖。因此，太阳能吸收式制冷系统可以分为太阳能集热系统和常规的吸收式制冷机两个部分。太阳能集热系统主要由太阳能集热、贮存、输配等子系统构成，其中用于太阳能集热的太阳能集热器为最关键的

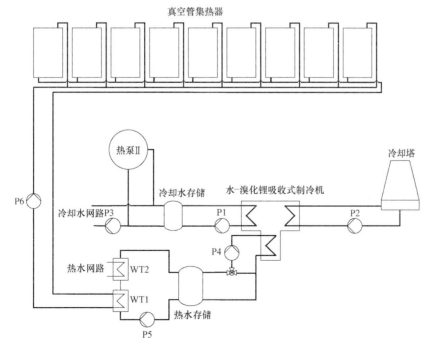

图 1.2-18　太阳能制冷与空调系统原理图

部件。根据吸收式制冷机对热源温度要求的不同，太阳能集热器可以选用平板型、真空管型或聚光型太阳能集热器。吸收式制冷常用的制冷剂工质对有氨—水和水—溴化锂，在建筑空调系统中一般采用水—溴化锂工质对。根据太阳能集热系统所提供热源品位的不同，吸收式制冷循环可以采用单效、双效或多效等多重循环方式。

太阳能吸附式制冷目前主要是指固体吸附式制冷。其基本原理是以某种具有多孔性的固体作为吸附剂，某种气体作为制冷剂，形成吸附制冷工质对。与太阳能吸收式制冷系统类似，太阳能吸附式制冷系统也可以分为太阳能集热系统和吸附式制冷机两个部分。太阳能吸附式制冷常用的吸附剂有沸石、分子筛、活性炭、氯化钙等，常用的制冷剂有水、甲醇、氨等，建筑空调系统常用的制冷温度高于零度的常用工质对有沸石—水、硅胶—水等，这些工质对的吸附剂再生温度可以低至 70℃ 左右，对太阳能集热系统的要求与太阳能单效吸收式制冷类似。太阳能吸附式制冷根据制冷系统的运行方式一般可分为连续式制冷系统和间歇式制冷系统，建筑空调系统中一般采用连续运行，因此需要多个吸附床联合运行，在某个吸附床解吸的时候其他吸附床可以吸附制冷。

太阳能除湿冷却空调的过程实际是直流式蒸发冷却空调过程，不借助专门的制冷机工作。它利用吸湿剂（例如氯化钙、硅胶等）对空气进行减湿，然后用过水作为制冷剂，在干空气中蒸发降温，对房间进行温度和湿度的调节，用过的吸湿剂被加热进行再生。在这个过程中，吸湿剂采用的是固体或者液体吸湿剂，太阳能集热器可以采用太阳能空气集热器或者液体集热器。

1.3 国内外农村地区太阳能利用现状

太阳能的合理化利用是推进我国农村能源环境可持续化发展的重要途径。基于目前农村地区的建筑形式、经济水平、农村居民生活模式等因素，太阳能利用应首要遵循"供需匹配"的原则。其次，在光热利用中，应重点在经济性和易用性上实现突破，通过技术创新等措施，研发初始投资低、运行维护方便、可靠性高的系统形式；在光电利用中，为了最大程度发挥技术优势，太阳能光伏照明更适用于我国西部偏远的农村地区，且在方案制订前，须经过详细的技术经济分析，确保技术的合理化应用。

1.3.1 太阳能光伏利用技术应用

1.3.1.1 基本概况

截至现在，太阳能仍是利用最少的能源和成本最高的能源之一。根据欧洲、日本等能源机构预测，2020 年，光伏发电将占到全球发电量的 1%，2040 年将占到全球发电量的 21%，2050 年左右，太阳能将成为全球主力替代能源。

20 世纪 70 年代以来，鉴于常规能源供给的有限性和环保压力的增加，世界上许多国家掀起了开发利用太阳能和可再生能源的热潮。世界各国纷纷推出各种发展太阳能光伏发电系统的国家计划。20 世纪 90 年代以来联合国召开了一系列有各国领导人参加的高峰会议，讨论和制定世界太阳能战略规划、国际太阳能公约，设立国际太阳能基金等，推动全球太阳能和可再生能源的开发利用。开发利用太阳能和可再生能源成为国际社会的一大主题和共同行动，成为各国制定可持续发展战略的重要内容。其中包括美国的"光伏建筑计划"、欧洲的"百万屋顶光伏计划"、日本的"朝日计划"以及我国已开展的"光明工程"，并采取措施鼓励居民安装太阳能发电系统，比如部分赠款、无息贷款和"种子基金"等，并以高出普通电价几倍的价格购买居民家中多余的太阳能电量。在太阳能光伏发电领域，一直受到国家政策的大力扶持，超大规模的光伏电站比比皆是。太阳能光伏系统因其核心技术在国外，同时也主要用于出口，使得其在近年来饱受国外因素制约。

近年来太阳能光伏电源已开始由补充能源向替代能源过渡，并从偏远无电地区中小功率的独立发电系统向并网发电系统的方向发展。20多年前，日本三洋电器公司研制出了瓦片形状的非晶硅太阳电池组件，每块能输出2.7W的电能，到1997年就已经安装了数兆瓦。日本曾计划到2010年光伏系统的装机容量要达到5GW。世界上规模最大的屋顶光伏系统建在德国慕尼黑展览中心，第一期安装的光伏系统容量为1MW，现在已达到了2MW。法国、印度也陆续推出了"1～5kW级百万屋顶光伏计划"。

目前太阳能电池板主要分为单晶硅太阳能电池、多晶硅太阳能电池与非晶硅太阳能电池。前两者发展已较为成熟，除技术相对稳定外，其成本也处于逐渐降低的阶段。然而，对于非晶硅太阳电池，因其与单晶硅和多晶硅这两种太阳电池的生产制作方法完全不同，主要体现在非晶硅电池的工艺过程大大简化，硅材料消耗很少，生产过程中的电耗更低。其主要优点是在弱光条件也能发电。但是，虽然非晶硅太阳电池有着种种优点，但其光电转换效率即使是国际先进水平仍然在10%左右，明显偏低，并且随着时间的延长，其转换效率还会不断衰减，使得其发电情况不够稳定。因此，非晶硅电池技术仍处于大力发展阶段。

近10年来，我国太阳能光伏产业仍保持了25%～40%的高速年平均增长率。2005年以前，世界光伏发电主要集中在发达国家，特别是日本、德国（占欧盟总量8成）和美国3个经济强国，约占世界光伏发电市场的80%。自2005年以来，中国的光伏发电市场迅速增长，2006年光伏电池产能达到1200MW，产量达450MW，比2005年增长280%；光伏组件产量达到800MW，产能则达到2000MW，中国已成为仅次于日本和德国的第三大光伏电池生产国。到2007年，我国太阳电池产量为821MWp，占世界总产量的22%，首次超过德国，居世界第2位，2008年中国太阳电池总量再度突破，一跃成为世界第一大太阳能电池生产国，为全球开发利用可再生能源、实现节能减排目标做出了突出贡献。

1.3.1.2 清洁能源分布式智能化节能供暖技术

1. 系统组成

针对农村地区，目前还发展了一种基于太阳能光伏发电加超导电暖器功能的清洁能源分布式智能化节能供暖技术。系统由热计量装置（用于系统供热计量）、温控装置（用于管理控制及用户节能控制）、超导散热装置（比传统散热器减少热水循环量80%）、GPRS数据集中器（远程控制系统）及控制软件组成。该系统可兼容太阳能光伏、燃气机组、空气源机组等全部清洁热源的供热机组。

根据"热管"技术原理研制了"热管超传导散热器"（图1.3-1），就是利用单管真空封闭导热介质相变循环及辐射传热的工作原理，即加热端无机工质粒子受热激发产生动能而运动、振动，伴随化学、物理变化，使粒子运动加速振动。振荡摩擦吸收某一区能量后以高速运动的粒子流载着大量的热能传到冷端放热，冷却后又恢复常态回到加热端吸热而传导，以此往复不止。其取代传统水循环散热方式的新型散热产品，克服了传统水暖循环式散热中的热效率低，水传导能耗大，使用中容易腐蚀、气阻等弊端。

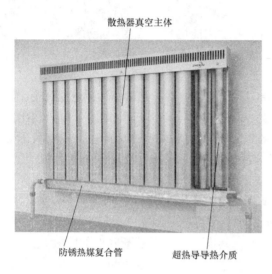

散热器真空主体

防锈热媒复合管　　超热导导热介质

图 1.3-1　热管超传导散热器

软、硬件控制系统：①带有本地存储模式，避免因网络异常而无法进行抄表工作。②可定时抄表，也可以实时抄表，速度快，准确性高。③体积小，采用进口电源，将采集模块、GPRS 模块及电源集成在一起，美观小巧，便于现场安装；采用纯金属外壳，抗干扰性强，防尘防水防雷击。④智能化，任意一步操作都会形成日志，便于日常管理维护和监控。⑤数据上传对网络的要求很小，即使集中器所在的位置信号不好，只要有某个时候能连接上，就可以把数据上传到系统中。⑥可兼容多个厂家的热量表及温控面板，可扩展性强。

热计量软、硬件：①用户室内温控面板与阀体控制器采用无线温控面板与无线阀门，极大方便施工。②电动阀门采用优质材料制作，抗冲击性、耐损性强，开关 10 万次依然可以达到出厂时的效果。③整套温控方案采用多种控温方式相结合，可将误差缩小到零点几度。④完善的防"断电"处理，即使周围环境出现停电的情况，也不会造成阀门关闭而导致停暖的现象出现。⑤"防锈"功能：当阀门处于长时间不使用或者不动作的情况，系统会自动控制阀门一定时间进行开关，防止阀门因生锈而坏掉。⑥整套系统不需要 220V 供电，大大降低了施工和使用时的危险性。

2. 系统收益

分布式光伏发电收益有三部分：①自发自用抵消的用电费用；②当地燃煤机组标杆上网收购电价；③国家补贴。分布式光伏项目每三个月得一次补贴，基本 5 年内收回投资。分布式光伏发电系统投资模式：家庭、个人和企业都可采用的投资模式，"全部上网"模式（所发电量全部并入国家电网）。

3. 适用范围

光伏发电供暖项目适用于太阳光充足、能源匮乏、环境污染严重等地区。可安装在农户平房屋顶、厂房屋顶、光伏大棚以及渔光互补等。

1.3.2　太阳能光热利用技术应用

1.3.2.1　基本概况

在太阳能热利用领域，世界各国通过不断对太阳能技术进行研制和利用，太阳能热利用技术得到快速发展，既缓解了人类面临的能源短缺问题，又不会造成环境污染。自从 20 世纪 80 年代由清华大学发明全玻璃真空集热管以来，我国太阳能热利用行业进入了快速增长时期，得到很大发展。近年来，大规模太阳能热水系统工程开始步入高速发展时期，此时太阳能热水系统除了具备规模大的特点之外，其应用范围也逐步进入到泳池加温、采暖、空调等领域，应用对象也从最早的平房逐步进入到住宅、医院、部队、体育场馆等，与此同时，政府部门也不断出台一系列政策用于支持太阳能行业发展。

近年来，我国对可再生能源的开发利用给予了高度的重视，尤其对太阳能的发展提出了明确的要求。2006年1月1日起，《中华人民共和国可再生能源法》正式颁布实施，《可再生能源法》正式出台，这是我国在可再生能源领域的第一部法律，对开发利用太阳能等可再生能源提供了基本的法律保障。第十七条明确指出，国家鼓励单位和个人安装和使用太阳能热水系统、太阳能供热采暖和制冷系统、太阳能光伏发电系统等太阳能利用系统。另外，国家在《可再生能源中长期发展规划》要求，将太阳能热利用作为可再生能源发展的重点领域，在城市推广普及太阳能一体化建筑、太阳能集中供热水工程，并建设太阳能采暖和制冷示范工程；在农村和小城镇推广户用太阳能热水器、太阳房和太阳灶。

根据2016年中国政府/世界银行/全球环境基金中国可再生能源规模化发展项目《"十三五"太阳能热利用发展战略研究报告》，从终端能源需求量以及太阳能热利用的市场份额进行预测：到2020年潜在的太阳热利用市场规模可达24亿m²，其中住宅建筑热水市场6.7亿m²、公共建筑热水市场1500万m²、建筑采暖市场9.3亿m²、建筑制冷市场1.1亿m²、工业热水及热力市场6.9亿m²。

据《2016年全球可再生能源现状报告》统计，2015年全球太阳能集热器装机容量为435GWth。2015年，尽管由于中国和欧洲市场持续萎缩，市场发展步调有所放缓，全球玻璃和非玻璃太阳能集热器容量仍增长了6%。中国约占新增太阳能热水器装机容量的77%，其次是土耳其、巴西、印度和美国。如图1.3-2所示。

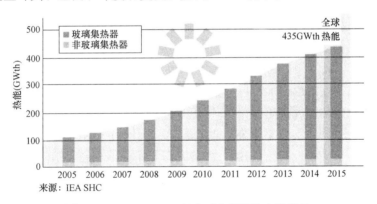

图1.3-2　2005～2015年全球太阳能热水器容量

据《2016年全球可再生能源现状报告》统计，2014年太阳能热水器新增装机容量按经济区域划分，主要集中在美国、加拿大、澳大利亚、拉丁美洲、撒哈拉以南非洲、欧盟28国和瑞士、中东和北非、中国、土耳其。如图1.3-3所示。

世界人均太阳能热水器安装容量排名前五名的分别是奥地利、塞浦路斯、以色列、巴巴多斯、希腊（人均太阳能热水器容量排名为2014年末排名，仅基于玻璃和非玻璃集热器容量。其他太阳能热水器数据为2015年数据。所有太阳能热水器数据来自IEA SHC）。

从近年的《全球可再生能源现状报告》和各种国际交流信息可以看出：除去热发电外，国际同行在区域供热和工业供热方面也都走在我国前面，包括支撑的多能源互补、季节蓄热等相关技术代表了国际光热技术发展的先进水平和产业化发展方向。

为了大力推广太阳能的规模化应用，许多国家通过相关政策措施对新能源大力扶持。

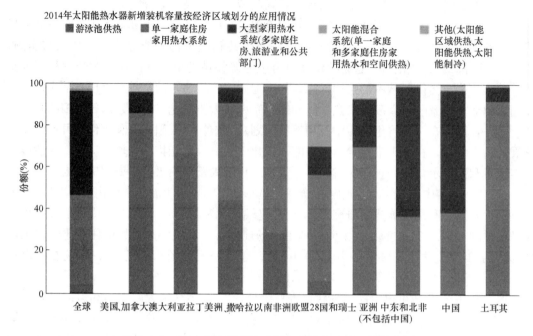

图 1.3-3　2014 年太阳能热水器新增装机容量区域分布图

美国将已有的税收优惠政策延期 8 年，而且尽力争取减免份额更大，占目前商业可再生能源项目总成本的 30％。法国为了鼓励使用太阳能热水器，2000 年出台了每年 4000 万法郎的补助政策，根据太阳能热水器的容量，对购买售价为 1.2～3.5 万法郎太阳能设备的用户，给予售价的 37.5％，即 4500～7500 法郎的补助，而且规定后买者的补助将逐步降低。瑞士政府目前正在采取增加不可再生燃料的环保宣布，促进对太阳能等可再生能源的利用，减少二氧化碳的排放。印度 2008 年 1 月宣布，为太阳能发电提供补贴，光伏电价为 12 卢比/kWh，入网太阳能集热发电电价 10 卢比/kW。德国削减 2009 年、2010 年购电补贴 8％，未来每年减少 9％。美国、加拿大等国家相继出台了有关太阳能热水系统强制安装和免税政策以及光伏并网发电的相关政策措施。

我国的太阳能开发利用在国家政策的大力推进下，许多省市和地区均得到较快发展。上海市政府于 2005 年 9 月启动了"十万屋顶光伏发电计划"。在无锡，40kW 屋顶并网光伏发电系统也开始实施。深圳于 2006 年 1 月通过了原建设部可再生能源建筑应用（太阳能建筑一体化）城市级示范的初步审查，计划在今后 5 年新建 300 万 m² 太阳能应用示范项目。2005 年 9 月，徐州在全国率先使用太阳能公交站，站台一年可以省下一千度电左右。2006 年 3 月，国内第一条太阳能路灯系统在浙江省投入商业运行等。

受经济转型、市场变化、压力增大等情况，2016 年我国太阳能热利用技术又有一些进步，主要表现在以下十个方面：

（1）选择性吸收涂层。我国 AlNAl 玻璃真空管蓝膜技术，热性能吸收率＞92％，发射率＜5％，继续保持国际领先水平，伴随结构调整步伐，国内整体制造工艺水平也有一定提升。中温涂层也有突破，在大量试验基础上《中温真空太阳吸收涂层》行业标准完成制定报批，技术要求和试验方法有在国际范围内的创新。

（2）集热器。部分企业在真空管集热器上根据不同领域的应用要求，进行了结构性创新，提高了供热性能。许多企业在平板集热器制作工艺方面进行了改进和提升，部分企业生产自动化程度明显提高。部分骨干企业借鉴国际先进技术，研制出适合大规模供热的 $8m^2$ 和 $13m^2$ 国产大型平板集热器。

（3）水箱与其他配件。伴随消费者舒适性和工程可靠性需求的不断提升，水箱骨干生产企业从性能、材料、工艺、可靠性方面均开展了持续的技术研究，取得诸多进步，推动了水箱和配件产品品质的提升。材料上由不锈钢为主发展到与搪瓷水箱、铁素体水箱并存，类型上由非承压为主发展到非承压和承压并存，功能上从储热发展到储热、换热、适合辅助能源结合的性能综合提升。工艺上从一般制造向高可靠和长寿命方面发展。其他配件技术也有一些进步，为太阳能热利用发展提供了保证。

（4）与建筑结合。通过大量实践，特别是城市高层建筑的应用实践，太阳能与建筑结合外观上有长足发展；集中集热和集中供热系统、集中集热和分散供热系统等因地制宜，在城镇多层特别是高层建筑上得到应用；使用性能、安全性能有明显提升；系统集成、智能控制和防过热保护等有明显进步，与建筑结合的标准、图集得到建立、健全和完善，特别是基于互联网的远程控制和监测技术得到应用。

（5）中高温技术。随着太阳能热发电技术的不断进步，20个国家示范项目建设得以启动，系统集成、项目总包等经验也将获得一定积累。同时其他领域中高温技术也出现一批成果，在前期以 CPC 集热技术为代表的中温技术基础上，可广泛应用于洗涤熨烫、生物化工、蒸汽干燥、食品加工、工程养护、蒸汽清洗、蒸汽供应行业的"中温太阳能蒸汽系统"，适用于工业供热的"中温太阳能油供热系统"等技术取得示范成功。已经出现一些公司采用中高温技术瞄准工农业应用领域进行业务拓展，开展示范项目建设。

（6）采暖。受需求侧拉动，在集热器技术进步支撑下，近两年，太阳能采暖与辅助能源结合的采暖应用技术得到快速发展。河北、西藏、宁夏、甘肃、陕西、北京、辽宁和山东等地中小型和户用系统太阳能采暖示范应用数量快速增加，河北维克莱恩太阳能有限公司系统已经在河北等地示范应用1000多个工程，包括农户、学校、养老院等，效果得到政府和用户的广泛认可，通过不断改进，新一代户用采暖系统供热性能又有进一步提升，制定的河北省地方标准《民用建筑太阳能供热采暖工程技术规程》DB 13/T 2386—2016颁布实施；大连希奥特太阳能有限公司户用采暖热水器 2016 供暖季进入用户验证阶段，编制的辽宁省地方标准《太阳能供热供暖工程技术规程》DB21/T 2575—2016、J 13408—2016颁布实施。

（7）工农业应用。在前期印染、纺织等领域示范应用基础上，系统集成、可靠性、辅助能源结合技术水平在实践中得到逐步提高。低温热水应用技术进一步发展，2015～2016年山东工业绿动力项目已经完成 130 多项，集热面积达到 18 万 m^2。太阳能干燥技术进步，支撑了行业标准《太阳能干燥通用技术要求》制定和实施，推动了太阳能干燥市场快速发展，出现了太阳能与其他辅助能源结合的干燥产品，在农副产品、烟叶、中草药产品等领域取得较大规模的应用。中温技术进步促进了太阳能在工农业领域进一步应用，近两年由北至南出现在替代传统锅炉改造中发挥作用的工程。此外，"太阳墙"技术丰富了北方工业领域采暖和太阳能热利用的方式。太阳能与辅助能源在农业大棚应用的技术示范，正在为农业科技部门种植和养殖业等现代农业的发展和精准扶贫提供条件。海水淡化技术发展为海岛、特定地区太阳能光热应用和生活条件改善提供了支撑。

（8）空调。我国在适于空调制冷的太阳能集热器及供热系统、热驱动制冷机研发和生产应用方面具有一定基础。随着热驱动制冷机小型化技术进步，我国应用技术进步主要表现在示范项目的成功应用和经济性的提高。

（9）与辅助能源互补。以太阳能光热为基础的"多能合一"日益被业内重视。无论在家用系统、建筑结合热水工程、采暖制冷还是工农业供热，与辅助能源结合的技术进步推动产品和工程应用不断问世。

（10）综合应用。皇明集团基于"全息生态未来建筑战略"，研发的"太未系列"产品，综合运用了多年积累的太阳能热水、采暖、发电等太阳能技术，辅之以节能建筑、节能门窗、蓄热保温和阳光房等技术，为新农村生活升级改造整合打造解决方案。展示了太阳能综合应用技术的进步。

长三角地区作为我国经济最发达、经济效益最高和最具综合竞争力的区域之一，随着一体化进程的加快，区域经济高速增长，工业产值持续增加，对能源的需求量也越来越大，所有短缺的煤炭、原油、天然气等能源全都依赖省外调入和国外进口。比如浙江省自产原煤仅14万t，水电与核电发电量329.5亿kWh，能源自给率仅为3.7%，96.3%的能源资源依靠国内外市场。能源供给的高度外向依赖性，再加上国际石油市场价格的上涨及储运及安全保障等诸多不确定因素，已严重制约了长三角区域经济社会可持续发展。保障区域能源供应安全，积极开发利用新能源，建立现代化的能源体系，对长三角的可持续发展具有重大战略意义。近年来，江苏、浙江、上海两省一市积极发展风能、太阳能、生物质能等新能源，并建立了许多新能源产业基地，一大批与发展新能源配套的政策、法规也相继出台，极大地推动了长三角地区新能源的规模化应用。

长三角地区近年来特别注重太阳能的开发和利用。该地区全年日照时数为2000～2200h，辐射量在（419～502）×10⁴kJ/(cm²·a)之间，是太阳能资源较丰富的地区，具有较大的应用潜力。

同时，为节约能源与资源，长三角地区特别注重建筑节能，近年来尤其关注农村地区的建筑节能问题。长三角属于夏热冬冷地区，该地区夏季炎热，冬季寒冷，一月份平均气温在0～10℃，七月份平均气温25～30℃；相对湿度大，空气湿度高达80%以上。根据课题组的调研和样本分析结果，夏热冬冷地区农村1月份室内平均温度为13.5℃，最低仅为8.6℃，燃煤、生物质秸秆消耗量大，对室内环境也造成较大影响；而7月夏季室内最高温度可超过33℃。

因此，长三角地区的农村住宅开发利用太阳能，用太阳能替代常规能源在建筑中的综合利用不仅可以解决传统采暖方式中能耗大、能源利用率低的问题，而且可改变目前我国城镇以热水和蒸汽为热媒的供暖方式。如何利用夏热冬冷地区的气候特点，并与太阳能利用技术有机结合，利用传统民居的建筑做法和现代新材料、新技术，合理进行夏热冬冷地区农村住宅生态气候适应性节能设计，是降低农村住宅能耗、实现社会主义新农村建设的重要途径。

此外，在我国典型村镇地区能源资源状况现状调研中发现，生物质燃料和煤仍是目前农户用能中的主要燃料，其中炊事用能以生物质燃料、煤、电、液化石油气为主要能源利用类型，农村生活热水能源利用类型也仍是农作物秸秆等生物质燃料为最多。其次煤和电力，太阳能热水器在农村地区的推广应用，使得太阳能作为农村居住建筑生活热水用能的比例逐渐提高，仍有较大的上升趋势。

1.3.2.2 太阳能加热沼气池技术

生物质是植物进行光合作用固定的太阳能，以化学能形式贮存在生物质中，每年经光合作用的生物质产量约 1700 亿 t，其蕴藏的能量相当于世界主要燃料消耗量的 10 倍，然而利用量不足总量的 1%。世界能源大会可再生能源报告估计：到 2050 年，包括生物质能在内的多种可再生能源的使用将高达全球总能源的 50%。我国拥有丰富的生物质能资源，每年可开发利用的生物质能约相当于 7.96 亿 t 标准煤，但实际使用量仅为 2.2 亿 t 标准煤，每年在田间焚烧或者丢弃的生物质相当于 2 亿 t 标准煤。

农业生物质能资源主要包括农作物秸秆、农产品加工副产品、畜禽粪便和能源作物等。生物质能源发展前景广阔。沼气是我国开发利用较早的生物质能源，推进沼气能源开发与综合利用具有重要意义。沼气是有机物质在一定温度、湿度、pH 值条件下经微生物厌氧发酵产生的可燃性气体。

随着经济发展以及生活水平的提高，村镇地区对于清洁新能源的需求日益迫切。农村居住方式随着社会主义新农村的建设发生了变化，小村被合并、集中和统一规划，此举阻滞了户用沼气的发展，但也因此具备了集中产气供气的条件，而天然气、液化石油气等在村镇地区的使用有较多的限制。虽然天然气具有热值高，燃烧产物洁净，运行成本低，对环境污染小等特点，但是我国的天然气长输管线覆盖范围有限，主要以供应大、中城市为主，对于村镇地区来说，采用天然气管网敷设，成本过大。液化石油气具有热值高、系统简单、规模可大可小、供气方式灵活、投资少等优点，但同时具有蒸汽压较小、露点温度较高等缺点，在压力较高或温度较低时容易凝结为液体，不适合直接作为管道燃气气源。因此，对于拥有丰富生物质资源的村镇地区，大中型的沼气集中供气系统既可以解决村镇地区的生活用能问题，也可以提高村镇居民的生活环境质量，满足用户对使用清洁、优质能源的需求。每个村镇可建设大型发酵装置和储气设备，通过管网把沼气输送到农户家中。沼气集中供气模式具有节约土地，降低投资成本，提高沼气池的使用效率和延长沼气池使用寿命的优点。规模化沼气工程越来越普遍，是未来发展的方向。

对于村镇的沼气系统而言，沼气池的温度一直是影响沼气发展的一个重要因素。温度对沼气发酵的影响很大，在一定范围内，温度升高沼气发酵的产气率也随之提高，通常以沼气发酵温度区分为：高温发酵、中温发酵和常温发酵。常温发酵的温度在 10～30℃，这是目前我国用户沼气池的主要发酵方式，温度低。中温发酵，温度在 35～38℃，比较符合沼气微生物的生活规律，产气率高、原料利用率也很高。高温发酵，温度在 50～55℃，由于温度高，若有废热利用的话该方式较为可取，否则过多的能量消耗是不经济的。冬季寒冷漫长，沼气的生产存在产气率低、使用率低、原料分解率低、不产气等问题，冬季会出现冻裂沼气池的现象，因此选择经济高效的加热升温及保温措施成为村镇沼气集中供应系统实施的必要前提条件。将我国丰富的太阳能资源与沼气发酵工程结合起来的太阳能集中制沼气工程实现太阳能与生物质能的综合应用具有良好发展前景。

根据发酵底物状态的不同，生物质厌氧发酵技术分为厌氧湿发酵技术和厌氧干发酵技术。厌氧湿发酵反应体系中的总固体（TS）含量一般在 10% 以内，厌氧湿发酵是当前中国农村生产沼气的主要技术。但是厌氧湿发酵技术在处理农业固体废弃物时，消耗大量水、发酵后产物浓度低、脱水处理困难和发酵产物难以利用，制约了该技术的发展。厌氧干发酵反应体系中的总固体（TS）含量一般在 20%～30%，用水量少，耗能低，管理方便，是沼气发酵技术的热点，也是大中型沼气工程的发展方向。

虽然太阳能干式发酵集中制沼具有上述优点，但仍存在以下几个问题：

（1）由于各地区气候条件不同，可利用太阳能资源不同，太阳能集中式沼气工程的发酵池温度各异，产气能力各异。

（2）各地区用能需求不同，沼气工程的规模也因地而异，生物质资源分布不均匀，存在明显的区域性，因此必须因地制宜、合理规划科学使用。

生物质厌氧发酵过程中，发酵温度过低或者温度波动过快，都会降低产气效率以及所产沼气中 CH_4 的含量。一般认为，温度突然上升或下降 5℃，产气量显著降低，变化过大则产气停止，因此沼气池必须采取适当的保温措施。目前沼气池增温措施主要有电加热法、暖棚增温技术、燃池增温技术、隔热材料保温法、"猪—沼—炕"增温技术、挖环形沟保温法、秸秆废弃物燃烧方法、沼气池表面覆盖柴草保温法、塑料薄膜覆盖法、热水锅炉加热法及太阳能热泵加热法等，但由于这些方法热能转化率低，易产生污染，发酵池温度不易控制，已不适应沼气工程的发展要求。

太阳能集热技术利用太阳能集热器收集太阳能加热水，供给发酵罐，满足发酵所需的热量，发展较为成熟。在国外，80 年代已有学者对太阳能加热沼气技术做了研究。通过在 $8m^3$ 的沼气池上面建太阳池给沼气池增温，夜间用保温材料覆盖太阳池顶部以减少热损失，第二日早上太阳池中水温能够保持在 30～35℃，在加料时用来稀释物料提高发酵温度。

有学者结合日照特点，设计了由太阳能温室和集热室两部分组成的太阳能双效增温沼气系统。利用传热学的基本理论，建立了沼气系统的热平衡方程，并通过理论计算，分析了太阳能双效增温沼气系统内各部分的热利用效率。有学者以北方农村生态校园为研究对象，在优化传统沼气系统的基础上，设计了太阳能双效增温装置的设施和结构参数，太阳能双级增温沼气系统装置简图如图 1.3-4 所示，并采用先进的温度测量仪在范家寨中学进行为期 3 个月的太阳能增温试验。结果表明，采用太阳能双级增温系统，能实现较好的增温效果：①沼气发酵系统保温室内的温度晴天比温室外平均提高 11℃，阴天平均提高 4.8℃；②沼气发酵系统集热室内的温度晴天比温室外平均提高 11.8℃，阴天平均提高 4.6℃；③太阳能双级增温沼气发酵池内料液的平均温度为 10 ± 0.5℃，比不采用增温措施的沼气发酵池内料液温度平均提高 6 ± 1.0℃。然后利用传热学的基本理论，建立了沼气系统的热平衡方程，并通过理论计算，分析了沼气系统太阳能增温装置的热利用效率，结果表明该装置的热利用率为 16.57%，并从经济学角度对太阳能增温技术进行评价，与热水锅炉增温系统比较，结果表明太阳能增温系统具有良好的经济效益和环境效益。

以上研究主要得出了利用太阳能加热制沼气的可行性、经济性、所需要的加热量、集热器面积的计算方法、太阳能热利用效率、料液的温度变化、对应的产气量等。综上所述，太阳能集热器加热沼气池技术的理论与方法体系已较为完备，模型构造与技术分析相对比较成熟，且依然有大量的研究在推动，已可预测出沼气池热性能，可为太阳能沼气工程的设计、气候适宜性评价等提供依据。而研究者针对被动式日光温室与集中式沼气池结合的专门探究较少，对该技术产气规律还认识不足。

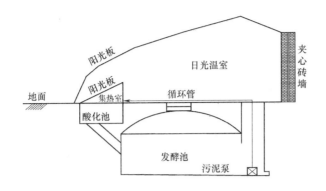

图 1.3-4　太阳能双级增温沼气系统装置简图

在深入了解太阳能加热沼气池的产气规律之后，基于不同地区不同规模村镇的特点，需要在村镇生活及生产用能规律的基础上，计算村镇用能需求，合理确定用气量非常重要。气候是影响能源消费的一个重要因子。村镇生活用能与生活习惯与地域性关联性很强。处于不同热工分区的村镇由于气候条件和居民生活习惯不同，能源需求量及需求种类都不同。目前能源需求预测方法与模型研究主要有：人均能源消费法、时间序列分析法、目前能源消费弹性系数法和部门分析法。

1.3.2.3　太阳能槽式集热采暖系统技术

太阳能光热系统目前主要集中在各类中低温领域的应用，比较有代表性的有各类民用生活热水系统、工业低温预热系统、太阳能采暖系统、太阳能泳池加热系统、农业低温干燥技术等。在中温领域，我国光热利用的核心吸热器件已得到重大突破，其典型产品为中温集热器（包括 CPC 聚光型与抛物面聚光型集热器）。中温集热器可用于工业蒸汽、溴化锂吸附式空调系统及各类工农业干燥热风系统等，有着广阔的发展前景，该技术正处于大力推广阶段。与此同时，太阳能高温领域在技术上也不断进步，在国外已有部分高温领域应用试验系统，如高温热发电系统等，该技术在国内仍处于最后攻关阶段，小范围的试验设备已开始运行，但距离商业应用仍需较长时间的发展。

1. 系统特点

（1）超高的集光效率，高达 95％以上，是普通太阳能热水器的 4 倍左右。

（2）超高的集热温度，最高可达 300 余度。

（3）太阳能专用反射镜面。

（4）可全天跟踪太阳，以确保最大的集热效率。

（5）360°安全保护系统。

（6）集热器可安装在屋顶、车库顶和空地上，最大限度地减少对土地的应用。

（7）采用模块化设计可分拆装箱发运，运输极为简单、经济。

（8）现场组装方便灵活。

（9）12 级抗风设计，可无忧使用 20 年。

2. 应用范围

太阳能锅炉；太阳能供暖；太阳能热水；太阳能制冷；太阳能蒸汽；太阳能热泵。

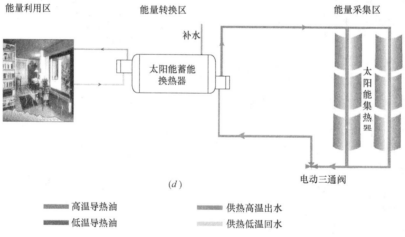

图 1.3-5 太阳能槽式集热采暖系统原理图

3. 施工要点

（1）前期准备工作

1）机组运到安装现场，应仔细检查，对照装箱单检查所有项目。

2）预制混凝土基础，机组的基础可采用框架式结构，框架安放于承重梁或承重柱上，并保证框架具有超出机组本身重量150％的能力和基础平整度。

3）应当有合适的隔离物支撑板来保护机组的顶部和侧面板。搬运过程中，机组应保持水平状态，避免因鲁莽操作而损坏机组。

4）安装位置的选择：热泵热水主机可以安装在室内或室外，有稳定的基础，并且有良好的通风。热力补充设备安装在管路系统中，并有稳定的基础。

（2）系统安装

1）主机的水系统安装应遵循国家及当地暖通规范的要求进行。

2）水管路必须保温，以防止热量损失。

3）太阳能集热系统的热油循环管路，材质采用无缝铜管，油路系统的连接尽量采用焊接或法兰连接，防止系统泄漏，系统安装应符合系统图要求。管路外必须有良好的保温，以防止热量损失和烫伤事故的发生。

4）水系统和油系统的最高点必须设置排气阀，最低点设置泄水（油）阀。

（3）连接电源

1）严格按照要求配线和接线。

2）接地线应有良好的接地。接地线切不可接到煤气管、水管、电话线上，接地不良会导致触电事故。

3）确保相序正确。相序不对时，系统不能启动，控制器缺电无任何显示，此时应检查相序。

（4）维护与保养

1）机组的维护只能由受过专业训练且有经验的人员来进行。重新开机前提前仔细检查保护装置和控制元件，以确保系统正常。

2）系统开机时中央控制系统会自动检测辐照、油温等参数，开机会有一定时间的延迟。

3）实现机组优异的性能和可靠性，正确、定期进行维护。热泵热水主机及各传动部件，动力系统定期保养；机组长期停用时，水系统应排除干净，以免结冰冻坏管路。

4）在恶劣环境下，油系统需加防冻措施（−20℃以下）。

5）定期清理水系统和油系统的过滤器，以免系统堵塞。

6）太阳能集热器需用专业设备定期清洗，一般15～20天清洗一次。

7）太阳能集热器回转装置需定期保养加油。

1.3.2.4 太阳能动力窗技术

太阳能动力窗如图1.3-6所示。

1. 产品特点

（1）完全由太阳能供电，无需布线。

（2）触摸式智能控制终端，操作可视化。

（3）智能程序化控制，可实现定时开关通风。

（4）高频无线电控制，远达30～300m控制区域。

（5）手动、遥控自由切换。

（6）获取更大的生活空间。

（7）可单组选用，也可多组组合。

（8）时尚的生活方式，获取更大的生活空间。

2. 技术指标

（1）预装太阳能电池板、蓄电池、控制系统和控制终端。

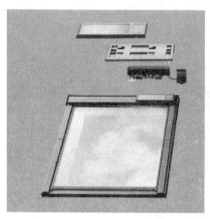

图 1.3-6　太阳能动力窗

（2）镍氢充电电池，一次充电可保证窗户开启 300 次。

（3）太阳能电池板：可提供 0～80mA 光伏电流（根据不同天气条件）。

（4）最大开启行程 200mm，马达待机电流：90UA。

（5）互动式双向沟通智能系统。

（6）采用高频无线频率 868MHz 通信，覆盖范围可扩展。

（7）通信运用 128 位密匙加密运算设计，密匙具有唯一性。

（8）采用三个信道的通信设计，提高可靠性和稳定性。

（9）简单控制产品，可控制多达 200 个不同的产品，也可分组控制产品。

（10）可对接各种传感器及其他智能控制系统。

（11）预留配套电控附件产品接口。

1.3.2.5　平板太阳能集热器免维护抗冻高效集热技术

1. 技术特点

（1）高效集热传导多层结构

平板太阳能集热器采用多层结构，从顶层到底层依次是透光盖板、吸热板芯、导热管、保温层，整板四周采用高强度铝框包覆和密封材料处理。吸热板芯采用德国进口具有国际领先水平的镀蓝膜（TINOX）铝板，吸收率高达 96％以上，发射率＜0.05（80℃），其集热性能居世界领先水平。透光盖板采用低铁高透光（透光率≥92％），超白布纹钢化玻璃面板，透光性能好，反射率低，使集热器最大限度地吸收太阳光能量。导热管采用具有自主知识产权的无机高效微孔导热管，集热、传热效率高。

（2）无机高效扁平微孔超导热管

导热管是平板太阳集热器的关键部件。目前市场上有小部分平板太阳能集热器开始采用超导热管来传递热量进行热交换，但这些超导热管都是采用有机物作为超导工作介质，在使用过程中会产生大量不凝气体留在导热管冷凝端，会阻碍热量的继续传递，导致导热管的传热效率大大降低。为了克服上述超导热管的缺陷，该技术采用一种具有半圆弧拱形冷凝端的无机扁平微孔超导热管，同时在冷凝末端设置有安全段。半圆弧拱形冷凝端增大了与热管与流道的传热面积，提高了传热效率，安全段主要防止不凝气体驻留在导热管冷凝端，影响传热效率。

该超导热管由铝合金材料经过挤压或者冲压成型的具有很多平行排布的长方形阵列微

孔的导热体，导热体的长方形阵列微孔内灌装有无机超导介质，导热体的两端由冷焊形成的密封口带，形成具有高速传热性能的一种新型热传导技术。超导热管的冷凝端成半圆弧拱形，并且在冷凝端顶部预留了 3cm 长度左右的安全段。冷凝端半圆弧的直径与流道外径相同，导热管与流道以抱箍式结合在一起，使导热管与流道的接触面积最大化，流道能够最大限度吸收导热管传递的热量，并且导热介质在经过拱形转弯处由于短暂的驻留使得冷凝端的温度高于其他部分 2～3℃左右。如图 1.3-7 所示。

超导热管在工作过程中不会产生不凝气体或只会产生少量不凝气体，另外无机导热管还具有启动速度快，自元件一端加热数秒钟就可将热量传递到另一端；均温性好，沿传热元件轴向温差趋于零；热阻小，当量导热系数为 $3.2 \times 10W/m℃$，是白银的 32000 余倍；传热能力大，轴向热流密度 $8.6 \times 106W/m^2$，径向热流密度 $45 \times 103W/m^2$；适应温度范围广，在 $-60～1000℃$ 之间。另外，该超导热管相

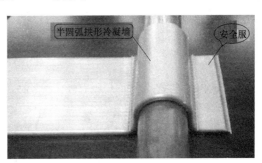

图 1.3-7 新型传导技术

容性好；操作压力低、使用寿命长、应用安全，无论在受热激发状态或静止状态，均不会产生任何有害人体的放射性物质。

（3）无空气膜导热硅胶粘接工艺

传统平板集热器的板芯、超导热管、流道之间采用超声波或激光焊接。这种焊接方式有以下几个缺点：①造成吸热板芯与流道、板芯与超导热管之间接触导热面积小，影响热传导效率；②焊点强度较差，冷热交替频繁或受外力时，焊点易断裂，导致导热管漏液或者流道漏水；③另外超声波焊接更是会破坏吸热膜表面，吸热面积减小；④对流道铜管平直度要求高，不易对准焊接位，操作麻烦。

集热器板芯、导热管、流道之间的连接摒弃了传统的焊接方式（激光焊接或者超声波焊接），没有任何焊接部位，采用高性能导热硅胶粘接（图 1.3-8），实现导热管与吸热芯板、流道之间无空气层接触，提高传热效率。导热硅胶采用 1700 导热型粘接硅胶，对大多数金属和非金属材料具有非常良好的粘接性，通过与空气中的水分子反应引起交联，而硫化成高性能弹性体，不需要加热等其他方式就能固化。固化后形成的弹性体具有优良的耐老化、耐高低温（$-60～200℃$）、绝缘、防湿、防潮、溶剂不溶胀等优点。

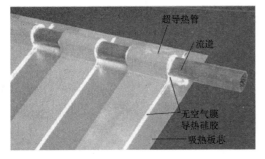

图 1.3-8 焊接方式

（4）背板保温技术

集热器保温层采用整体酚醛衬钢背板。酚醛树脂整体衬彩钢板采用一次发泡技术成型。由于酚醛树脂泡沫的热损系数小，因而保温层绝热效果好。背板采用高强度钢板，强度高、抗冲击性好，并能起到防水、防腐、密封的作用。

（5）集热器抗冻技术

集热器流道中的水在冬季低温条件下

容易结冰，而水结冰是体积膨胀过程，产生的力相当巨大，易使集热器流道破裂损坏，因此平板集热器的冬季冻结问题一直受到人们关注。在集热器流道中设置一根两端密封的十字中空硅胶管，流道内水结冰体积膨胀时，硅胶管被挤压体积缩小，有效缓解结冰对流道产生的压力，保护流道不被破坏；当集热器工作后，流道内冰融化后，压力减小，硅胶管恢复原状。采用此技术可以有效解决管内流体冰冻问题，无爆管隐患，延长集热器使用寿命。产品在零下40℃的环境中测试流道内结冰对流道压力，结果显示：结冰前后，铜管所承受的压力相差5%左右，如图1.3-9所示。

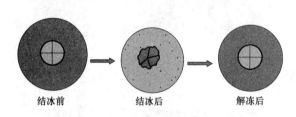

结冰前　　　　　结冰后　　　　　解冻后

图 1.3-9　中空硅胶管截面图

（6）外框弯接、铝压条密封技术

普通的集热器外框采用四边拼接的方法进行连接，在四个角落有细缝，强度较低，密封性较差，水汽进入后腐蚀内部组件，使集热器的效率和使用寿命大打折扣。该集热器整个外框采用弯接技术和铝压条密封技术，四角没有接缝，密封性好，强度高，并且具有防水、防腐作用。

（7）建筑一体化研究

将储热器与集热器做成分体式结构，储热器可放室内，保温效果好，热损耗小，同时解决了楼房顶的承压，漏水及城市美观问题，大大提高了太阳能热水器的使用范围和空间。另外，集热器的安装角度可以按实际需要进行调节，实现与建筑的完美结合。

现有国内外相关产品的性能比较，见表1.3-1。

不同平板产品性能比较　　　　　　　　　　　　　　　　表 1.3-1

项目	国外平板产品	国内真空管产品	国内平板产品	免维护抗冻高效平板 太阳能集热器产品
热性能	8MJ/m²	7.5MJ/m²	6.5MJ/m²	8.3MJ/m²
抗冻性能	−20℃不冻坏	易冻结	易冻结	−25℃不冻坏
抗冰雹强度	强	差	一般	强
换热形式	二次换热	一次换热	二次换热	一次换热
涂层吸收率	95%	92%	85%	95%
安全性能	安全	差	安全	安全
结构形式	一体，分体	一体	一体，分体	一体，分体
寿命	25 年	8-10 年	8-10 年	25 年

2. 施工工艺（图1.3-10）

无空气膜导热硅胶粘接工艺主要有以下优点：

（1）板芯、超导热管、流道之间接触面大，接触更加紧密，无空气层存在，有效防止热量的损失，使集热器具有全面积热吸收与热输运的构造，无翅片效应，全面积均温，对流热损小，因而具有较高的热效率。

（2）由于无焊接点，该工艺对板芯、超导热管和流道无任何破坏，因而超导热管和流道强度较高，不会发生漏液或者漏水现象，集热器使用寿命大大提高。

（3）工艺简单，无需其他设备，节省成本和工序，生产效率提高。

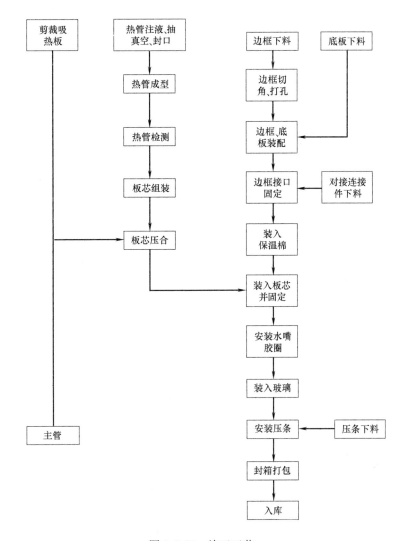

图 1.3-10　施工工艺

1.3.2.6　太阳能供暖系统技术

经过 30 多年的发展，太阳能集热技术已发展得相当成熟，我国太阳能集热器的产量占世界产量的 60% 以上，性能先进，质量稳定可靠。对于太阳能的利用，从资源方面说，我国北方地区是主要的供暖地区，而北方又恰好是我国日照比较好的地区，因此太阳能资源相对比较丰富，尤其是在供暖季节，为太阳能供暖提供了基本的条件；从技术上说，建筑供暖用能一般需要 60～70℃ 的低温热能。近些年兴起的地板辐射换热系统，只需要 30～40℃ 的低温热能。目前市场上大量销售的太阳能集热器，不管是平板型的还是真空管型的，在冬季其集热温度一般也能达到 50～70℃，集热效率都可达 50% 左右，正好与地板辐射供暖所需的能量品级相匹配，完全可以满足集热供暖用。太阳能的一个主要缺点是它的间歇性，不仅有白日夜晚之分，还受阴雨天气的影响，解决太阳能间歇性缺点的有效途径是采用辅助热源，常用的有电辅助加热、燃煤、燃气、热泵加热等。从以上的分析可以看出，用太阳能供热供暖在技术上是完全可行的。

将太阳能运用到农居火炕供暖系统中，与火炕相结合，既发扬了传统火炕供暖的优势又克服了其存在的缺陷，大大改善了农居室内的热环境。采用太阳能供暖，在技术、经济、环保等方面都已具有显著的优势和竞争力，它将迅速地发展起来，对节约能源有着十分重要的意义。

1. 太阳能供暖技术的国内研究现状

目前，清洁能源的使用已成为一个国家发展的重要标志，由于我国的太阳能资源比较丰富，作为可再生的清洁能源，如何利用太阳能进行供暖已经成为一种研究的趋势。

1996 年，山东建筑大学的罗南春等人对太阳能热泵供热系统建立了数学模型，并将模拟结果与测试结果进行了对比分析，求得各瞬时运行参数以及过程总得热量、总耗功量等。

1996 年，厦门大学的林国星、严子浚在有限时间热力学理论和太阳能集热器的线性热损模型的基础上，研究了热阻和工质内部不可逆性对太阳能热泵系统的影响，推导出了系统的总性能系数和太阳能集热器的最佳工作温度。

1999 年，天津大学建筑工程学院王荣光研究了低温地板辐射供暖的机理，对其节能效果和舒适性进行了研究，提出了应用地板辐射供暖的有利条件及可行性。

1999 年，山东建筑工程学院王子介教授研究了地板供暖的舒适性和节能性之后，对太阳能低温地板辐射系统冬季用来供暖和夏季用来供冷的可行性进行了分析，指出应用同一个地板辐射系统，热泵的使用对某些地区的夏季供冷是可行的。

2000 年，郑瑞澄等人分析了全玻璃真空管太阳能集热器的热性能参数，并对太阳能低温热水供暖系统进行了分析，得到了此系统在我国的大部分的供暖地区是可行的。

2001 年，太原理工大学的田琦分析探讨了太阳能地板辐射供暖系统的工作原理、太阳能集热器的选择和太阳能地板辐射供暖中设计参数的确定等若干问题，为实验研究和工程设计提供了理论基础。

2002 年，辽宁省能源研究所的宋秋等人对太阳能低温热水地板辐射供暖系统进行了研究，得出太阳能地板辐射供暖系统的供暖效率受自然条件的制约，应根据当地太阳能能源供应情况和建筑物功能等因素对应用该系统的不同地区不同建筑的经济性、合理性进行优化设计。

2003 年，中国建筑标准设计研究所的李岩对不同系统形式的太阳能地板供暖系统作了分析，探讨了设计中需要注意的问题。通过描述间歇运行系统和强制循环运行系统，分析了太阳能用于供暖的条件。

2003 年，梁晶等对太阳能集热器冬季的使用及太阳能集热和地板辐射供暖结合等一系列问题进行了研究，得出太阳能低温地板辐射供暖的特点和适用范围以及需要注意的问题。

2005 年，青岛理工大学的胡松涛等人分析了太阳能与地源热泵结合的可行性和必要性，论述了太阳能与地源热泵联合运行的方式，证明在建筑中应用该系统具有极大的节能效果。

2006 年，山东农业大学的刘小春、吴左莲在山东泰安对太阳能供暖系统的不同方案进行了对比分析，并对太阳能供暖系统的形式、太阳能集热器的选择以及面积的确定等方面进行了论述分析，证明了太阳能供暖系统在山东泰安地区是可行的。

2006 年，王崇杰设计了一种以太阳能作为主要能源的新型太阳能炕系统，该新型太阳能炕系统是利用地板辐射供暖技术的原理制成的，通过炕下的盘管加热炕面，并以辐射和对流的换热方式对房间进行加热。

2007 年，涂爱民等人对太阳能热泵地板辐射供热系统的性能进行了研究，分析了该太阳能系统与燃气、燃油锅炉集中供热系统，结果表明热管真空管太阳能集热器的热效率为 64.4％等结论。

2007 年，张蓓对王崇杰提出的太阳能炕系统进行了研究，同时为此系统材料的选择、盘管布置形式、太阳能集热器类型、蓄水箱容积的选择等提供了理论依据。

2008 年，上海交通大学的宋兆培等人对太阳能低温地板辐射供暖系统进行了实验研究，得出了太阳能低温地板辐射供暖系统的可行性，当系统稳定运行时，实验房间温度能够维持在 16℃以上，并在此基础上对不同的工况进行了模拟分析，发现太阳能的辐射强度和水箱的初始温度对该系统的性能影响较大。

2010 年，曲世琳等对太阳能水源热泵地板辐射供暖系统进行了实验研究，同时分析了太阳能集热器和地板辐射供暖系统的进出口水温，水箱温度和蒸发温度对系统制热性能的影响，并在此基础上提出了该系统的运行策略。

2010 年，天津大学的赵振华设计了一套太阳能低温热水地板辐射供暖系统，对太阳能供暖系统的设计方案和计算方法进行了论述，并进行了理论和实验研究。

2. 太阳能供暖技术的国外研究现状

1995 年，意大利卡拉布里大学的 G. Oliveti 等人研究了太阳能夏季蓄热冬季供暖系统，得出了蓄热水箱的年平均温度及距水箱底部 0.07m 和 5.32m 处温度变化规律。

1997 年，K. K. Matrawy 和 I. Farkas 在太阳辐射强度与供暖供水温度已知的条件下，得出了太阳能集热器面积和蓄热水箱容积的估算值；并且给出了典型月不同时，太阳能集热器面积、蓄热水箱容积和太阳能保证率的数值。

1998 年，M. T. Alkhalaileh 模拟分析了太阳能池地板辐射供暖系统，得出太阳能池地板辐射供暖系统能够满足大部分的冬季负荷，太阳能保证率可以达到 80％～100％。

1999 年，N. D. Kaushika 和 K. s. Reddy 模拟分析了太阳能闷晒式集热蓄热系统的蓄热水箱内温度变化情况，得出了在不同高度上水箱内温度的变化规律，同时得出了此蓄热水箱容积、集热效率与水箱最终温度之间的曲线关系。

2000 年，D. Pahud 在研究太阳能跨季分别利用岩石和水蓄热时，在不同种类热负荷的情况，太阳能保证率达到 70％时，所需的太阳能集热器面积以及单位太阳能集热器面积所需的岩石蓄热及水蓄热的容积。

2001 年，M. N. A. Hawlader 等研究了太阳能热泵系统的性能，利用实验和数值模拟相结合的方法，得出太阳能集热器面积、太阳辐射和压缩机转速对该系统的性能影响较大，同时得出该系统的最小投资回收期约为 2 年等结论。

2003 年 AliA. Badran 等对比分析了使用太阳能集热器的地板辐射供暖系统（SCS）和使用太阳能池的地板辐射供暖系统（SPS）的性能，得出了 SCS 的效率比 SPS 的效率高 7％及 SCS 比 SPS 更节省电能等结论。

2004 年，P. J. Martinez 对太阳能地板辐射供暖系统的性能进行了研究和分析，并分析了在穆尔西亚地区太阳能供暖系统的性能数据，将记录的数据与 f-图法所得的数据相比较，分析得出了太阳能地板辐射供暖系统的太阳能保证率比 f-图法所得的太阳能保证率低 20%。

2005 年，F. B. Gorozabel Chata 将不同种类的制冷剂分别放在两种太阳能集热器中，研究制冷剂对直膨式太阳能热泵性能的影响，并利用 REFPROP 预测了制冷剂的性能。研究得到由纯制冷剂及其混合物的种类决定了 COP 的热性能。

2008 年，A. Georgiev 以太阳能集热器作为热泵的热源进行了试验研究，得出了 COP 和系统效率随着冷凝温度的降低而增大，随着蒸发温度的升高而增大，随着冷凝侧的质量流量增加而增大等结论。

2009 年，S. K. Chaturvedi 等研究了单级和双级直喷式太阳能辅助热泵系统的造价、性能和运行费用，得出了双级式系统的初投资较大，但与单级式 DX-SAHP 相比其效率高、运行费用低、系统性能稳定。

1.3.3　太阳能利用标准体系制定

二十多年来，我国太阳能热利用行业已初步形成了比较完善的标准体系，先后制定了近 50 项国家标准，近 20 项行业标准，全国十多个省市出台了地方标准，不少企业也制定了各自的企业标准。2016 年，由中国专家组为主制定的《集热器组件和材料第一部分：真空管性能及耐久性》和《集热器组件和材料第二部分：真空热管性能及耐久性》两项国际标准已完成并交付印刷。进入新常态后，我国太阳能热利用行业发展的应用领域、质量要求出现新变化，少数国家标准滞后于行业发展，但行业标准和企业标准对相关产品质量和行业健康发展起到了积极的补充作用。2015 年国家能源局启动近 20 项太阳能光热标准制定，其中，太阳能热发电相关工程建设标准 11 项，太阳能中低温热利用工程建设及产品标准 5 项。2016 年国家能源局又批准了 5 项太阳能热利用标准立项。目前 2015 年下达的《中温真空太阳能集热管吸收涂层技术条件》、《中温太阳能集热器》、《跨季节蓄热太阳能热利用工程技术规范》、《家用太阳能热水系统安全技术规范》、《太阳能热水工程施工监理及验收规范》五项太阳能热利用行业标准已完成制定工作。但以迈向"两个中高端"和供给侧结构性改革的思想审视，现有的标准体系中还存在不适应提质增效的发展，需要清理的情况。

第 2 章　太阳能被动式利用技术

按太阳能利用的终端产物来分，太阳能主要有两种利用方式——光热和光电。从热转换的途径来看，常用的光热利用方式还可以分为直接受益式、太阳能热水系统以及太阳能空气系统。从发电的途径来看，目前主要有光伏和光热两种形式，如图 2.0-1 所示。通过一系列的光热以及光电转换途径，可以形成多种太阳能利用方式，如被动式太阳房、太阳能生活热水系统、光伏照明系统等，以满足建筑用能需求。从利用太阳能来进行供暖角度来分，太阳能建筑有主动式和被动式之分：主动式建筑供暖是需要用电作为辅助能源，系统主要由太阳集热器、泵或风机、散热器及储热器等组成；被动式建筑不需要任何辅助能源，通过建筑方法和周围环境的合理布置，内部空间和外部形体的巧妙处理以及材料结构的恰当选择，以自然交换方式来获取太阳能。

2.1　被动式太阳能墙通风技术

被动式太阳能利用方式主要分三类：附加阳光间、直接受益窗和集热蓄热墙。三种方式都各有优点，其中使用最普遍的是直接受益窗（图 2.1-1），建筑在南向开窗直接获得太阳辐射热。这种利用方式简单且不需要增加特殊的构造措施，获得太阳能的效率比较高，但缺点是室内温度随太阳辐射波动明显。附加阳光间（图 2.1-2）一般多在入口处设置，受建筑平面的制约。集热蓄热墙分为封闭式和对流环路式两种。目前在农村地区应用较多的是封闭式集热蓄热墙（图 2.1-3），一般设置在窗台下

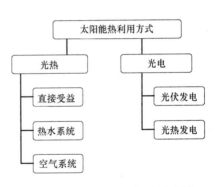

图 2.0-1　太阳能热利用方式分类

方。这样的太阳能墙构造简单，可操作性强，但集热效率较低，不能充分利用太阳能。

图 2.1-1　直接受益窗

图 2.1-2　附加阳光间

为方便研究，以严寒地区农村住宅调研结果为依据制定一个单元模块。将一间卧室定义为一个单元模块。若规定卧室的开间为 3900mm，净高为 2800mm，根据《农村居住建筑节能设计标准》GB/T 50824—2013 规定：居住建筑各朝向的窗墙面积比，北向不大于 0.25，东西向不大于 0.30，南向不大于 0.40。那么最大窗面积为 3.82m²，具体尺寸如图 2.1-4 所示。

图 2.1-3　封闭式集热蓄热墙

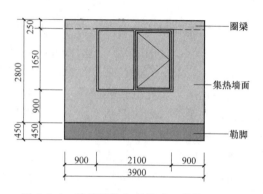

图 2.1-4　单元模块立面尺寸（单位：mm）

在太阳能的转化过程中，通气装置本身并不吸收能量，但在能量的迁移途中起到促进或维持的作用。有关研究表明，对流环路式太阳能墙的效率要高于封闭式太阳能墙，但通气装置成为围护结构中的热桥，到了夜晚会由此损失很多热量，因此应该对通气装置进行节能改进可以提高太阳房的热工性能。

2.1.1　通气装置位置

1. 上通气装置

传统太阳能蓄热墙只在窗间墙和窗下墙位置，窗户与太阳墙没有联系，因此需要在窗两侧分别开通气装置（图 2.1-5a）。改进以后的太阳墙将窗户包含到系统内，即玻璃罩覆盖整面墙包括窗洞口部位（图 2.1-5b）。原有的上通气装置由通气窗代替，下通气装置合并成一个。改进后太阳墙减少墙面开洞面积，增加墙体总热阻，降低施工难度，而且可以保持室内墙面的完整，不影响室内美观。

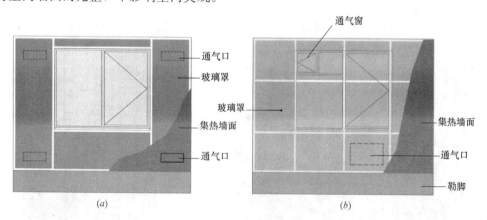

图 2.1-5　太阳能集热墙通风口
（a）传统太阳能集热墙；（b）改进后太阳能集热墙

2. 下通气装置

通气装置的位置也会影响太阳能集热墙的效率。为了使腔内空气与室内空气有稳定的对流发生，应满足以下两个条件：①上下通气装置有足够的高差；②上下通气装置附近空气温度有足够温差。一般情况下，农村住宅窗框紧贴圈梁，所以上通气口的位置最高可在梁下标高处，即图 2.1-5b 中通气窗位置。下通气装置位置尽量接近地面，因为地面附近的空气温度比较低，同时还能保证上下通气装置的高差，因此在下通气口附近，不应该有取暖设备，布置暖气时应避开通气装置。而且使用太阳能集热墙的房间若使用地热采暖，在盘地热管时应该远离下通气装置口，以保证太阳能集热墙的运行效率。

2.1.2 通气装置保温

在白天打开通气装置可以促使太阳墙空腔内热空气迅速传递到室内，但随着太阳辐射的减弱，空腔内温度会同步下降。通气装置成为整面墙中的薄弱环节，室内的热量会通过此处流失。针对这种情况，通气装置处盖板应具有一定的保温能力。改进后的通气装置保温门构造如图 2.1-6 所示，即双层胶合板中间夹 60mm 挤塑板。保温门构造简单，与农村住宅常用的夹板门做法相似，具有可操作性。

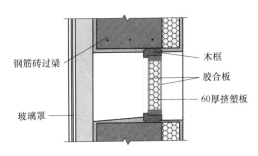

图 2.1-6 通气装置保温板（门）构造

2.1.3 通风装置节能效率

为验证节能效果，计算单位时间内通过被动式太阳能集热墙的传热量。建筑地点选哈尔滨，设定改进前的太阳墙为 Solar Wall 1（简称 SW1），改进后的太阳墙为 Solar Wall 2（简称 SW2）。根据有关研究，有通风口的被动式太阳能集热墙空气间层厚度最好在 $100\sim130$mm。通风口面积 A_v 与空腔的横截面积 A_s 之比应该在 $0.5\sim0.7$。单元模块的空气间层定为 100mm，通风口面积为 $0.24m^2$。窗户为单框双玻塑钢窗，SW1 通气装置盖板为空心夹板门，SW2 通气装置盖板为保温夹板门（夹 60mm 挤塑板）。立面具体尺寸如图 2.1-7 所示。主体墙为 370mm 黏土实心砖内贴 80mm 聚苯板，圈梁为 370mm×250mm 钢筋混凝土内贴 80mm 聚苯板（图 2.1-8）。

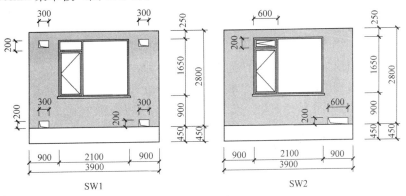

图 2.1-7 被动式太阳能集热墙立面尺寸（单位：mm）

墙体传热系数 K 按式（2.1-1）计算：

$$K=\frac{1}{R_0}=\frac{1}{R_i+R_e+\sum R}$$ 　　（2.1-1）

式中　R_0——墙体热阻，$(m^2 \cdot K)/W$；

　　　　R——各层材料热阻，$(m^2 \cdot K)/W$；

　　　　R_i——内表面换热阻，取 0.11，$(m^2 \cdot K)/W$；

　　　　R_e——外表面换热阻，取 0.04，$(m^2 \cdot K)/W$。

计算可知 $K_q=0.43\ W/(m^2 \cdot K)$（主体墙传热系数）；
$K_{v2}=0.47W/(m^2 \cdot K)$（SW2 通风口保温门传热系数）；
$K_b=0.49W/(m^2 \cdot K)$（圈梁传热系数）。

外墙平均传热系数 K_m 按公式（2.1-2）计算：

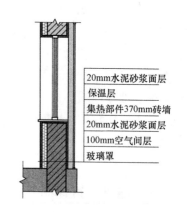

20mm水泥砂浆面层
保温层
集热部件370mm砖墙
20mm水泥砂浆面层
100mm空气间层
玻璃罩

图 2.1-8　墙体构造图

$$K_m=\frac{K_q \times F+\sum K_i \times F_i}{F+\sum F_i}$$ 　　（2.1-2）

式中　K_i——热桥处平均传热系数，$W/(m^2 \cdot K)$；

　　　　F——外墙主体部位面积，m^2；

　　　　F_i——热桥面积，m^2。

计算可知 $K_m=0.44\ W/(m^2 \cdot K)$。

单位建筑面积上单位时间内通过外墙的传热量 q_H 按式（2.1-3）计算：

$$q_H=\frac{\sum q_H}{A_0}=\frac{\sum a\varepsilon_i K_{mi}F_i(t_n-t_e)}{A_0}$$ 　　（2.1-3）

式中　t_n——室内计算温度，取 16℃；

　　　　t_e——采暖期室外平均温度，℃；

　　　　a——外墙温差修正系数；

　　　　ε_i——外墙传热系数的修正系数；

　　　　K_{mi}——外墙平均传热系数，$W/(m^2 \cdot K)$；

　　　　F_i——外墙的面积，m^2；

　　　　A_0——建筑面积，m^2。

计算中用到的参数 $t_n=16.00℃$，$t_e=-8.50℃$，$a=1.00$，$\varepsilon_i=0.92$，$K_{v1}=3.00W/$
$(m^2 \cdot K)$（SW1 通风口非保温门传热系数），经过计算通过 SW1 南墙的热量 $q_{H1}=87.79/$
A_0，通过 SW2 南墙的热量 $q_{H2}=74.02/A_0$。改进后的被动式太阳能集热墙传热量减
少 15.69%。

被动式太阳能集热墙技术属于低成本的、易操作的可再生能源利用技术，在严寒地区
农村有着广泛的应用前景。但是该系统还不够完善，如在夜间通气口散热严重等问题，阻
碍了它的发展。通过文中的措施对通气装置进行节能改进，新型的被动式太阳能集热墙可
节能 15.69%，有助于在农村地区进一步推广应用被动式太阳能技术。

2.2　被动式太阳房技术

被动式太阳房（图 2.2-1）应根据房间的使用性质选择适宜的集热方式：以白天使用

为主的房间，宜采用直接受益式或附加阳光间式；以夜间使用为主的房间，宜采用具有较大蓄热能力的集热蓄热墙式。

图 2.2-1 被动式太阳房

根据《被动式太阳能建筑技术规范》JGJ/T 267—2012，利用被动式太阳能采暖分四个气候区，包括最佳气候区、适宜气候区、一般气候区和不宜气候区，见表2.2-1。不同气候区推荐的采暖方式见表2.2-2。

被动式太阳能采暖气候分区　　　　　　　　　　表 2.2-1

被动太阳能采暖气候分区		南向辐射温差比 [W/(m²·℃)]	南向垂直面太阳辐照度 I(W/m²)	典型城市
最佳气候区	A 区（SHⅠa）	ITR≥8	I≥160	拉萨，日喀则，稻城，小金，理塘，得荣，昌都，巴塘
	B 区（SHⅠb）	ITR≥8	160>I≥60	昆明，大理，西昌，会理，木里，林芝，马尔康，九龙，道孚，德格
适宜气候区	A 区（SHⅡa）	8<ITR≤6	I≥120	西宁，银川，格尔木，哈密，民勤，敦煌，甘孜，松潘，阿坝，若尔盖
	B 区（SHⅡb）	8<ITR≤6	120>I≥60	康定，阳泉，昭觉，昭通
	C 区（SHⅡc）	6<ITR≤4	I≥60	北京，天津，石家庄，太原，呼和浩特，长春，上海，济南，西安，兰州，青岛，郑州，长春，张家口，吐鲁番，安康，伊宁，民和，大同，锦州，保定，承德，唐山，大连，洛阳，日照，徐州，宝鸡，开封，玉树，齐齐哈尔
一般气候区（SHⅢ）		4<ITR≤3	≥60	乌鲁木齐，沈阳，吉林，武汉，长沙，南京，杭州，合肥，南昌，延安，商丘，邢台，淄博，泰安，海拉尔，克拉玛依，鹤岗，天水，安阳，通化
不宜气候区（SHⅣ）		ITR≤3	—	成都，重庆，贵阳，绵阳，遂宁，南充，达县，泸州，南阳，遵义，岳阳，信阳，吉首，常德
			I<60	

不同气候区推荐的采暖方式　　　　　　　　　　表 2.2-2

被动式太阳能建筑采暖气候分区		推荐选用的单项或组合式采暖方式
最佳气候区	最佳气候 A 区	集热蓄热墙式、附加阳光间式、直接受益式、对流环路式、蓄热屋顶式
	最佳气候 B 区	集热蓄热墙式、附加阳光间式、对流环路式、蓄热屋顶式

续表

被动式太阳能建筑采暖气候分区		推荐选用的单项或组合式采暖方式
适宜气候区	适宜气候 A 区	直接受益式、集热蓄热墙式、附加阳光间式、蓄热屋顶式
	适宜气候 B 区	集热蓄热墙式、附加阳光间式、直接受益式、蓄热屋顶式
	适宜气候 C 区	集热蓄热墙式、附加阳光间式、蓄热屋顶式
可利用气候区		集热蓄热墙式、附加阳光间式、蓄热屋顶式
一般气候区		直接受益式、附加阳光间式

被动式降温气候分区也分为四个气候区，包括最佳气候区、适宜气候区、可利用气候区和不需降温气候区，见表 2.2-3。

被动式降温气候分区   表 2.2-3

被动降温气候分区		七月平均气温 T(℃)	七月平均相对湿度 φ(%)	典型城市
最佳气候区	A 区(CH Ia)	$T \geq 26$	$\varphi < 50$	吐鲁番,若羌,克拉玛依,哈密,库尔勒
	B 区(CH Ib)	$T \geq 26$	$\varphi \geq 50$	天津,石家庄,上海,南京,合肥,南昌,济南,郑州,武汉,长沙,广州,南宁,海口,重庆,西安,福州,杭州,桂林,香港,台北,澳门,珠海,常德,景德镇,宜昌,蚌埠,达县,信阳,驻马店,安康,南阳,济南,郑州,商丘,徐州,宜宾
适宜气候区	A 区(CH IIa)	$22 < T < 26$	$\varphi < 50$	乌鲁木齐,敦煌,民勤,库车,喀什,和田,莎车,安西,民丰,阿勒泰
	B 区(CH IIb)	$22 < T < 26$	$\varphi \geq 50$	北京,太原,沈阳,长春,吉林,哈尔滨,成都,贵阳,兰州,银川,齐齐哈尔,汉中,宝鸡,西阳,雅安,承德,绥德,通辽,黔西,安达,延安,伊宁,西昌,天水
可利用气候区(CH III)		$18 < T \leq 22$	—	昆明,呼和浩特,大同,盘县,毕节,张掖,会理,玉溪,小金,民和,敦化,昭通,巴塘,腾冲,昭觉
不需降温气候区(CH IV)		$T \leq 18$	—	拉萨,西宁,丽江,康定,林芝,日喀则,格尔木,马尔康,昌都,道孚,九龙,松潘,德格,甘孜,玉树,阿坝,稻城,红原,若尔盖,理塘,色达,石渠

结合我国农村经济生活条件现状，被动式太阳能技术在长三角农村地区的应用具有以下优点：

（1）低成本、清洁环保：太阳能利用在农村是必不可少的。利用太阳能光热可解决长三角地区夏季供冷和生活热水以满足其生活需求。

（2）易于实现被动式太阳能技术的建筑一体化。农村建筑密度不大，多为坡屋面，一般都朝南建造且屋顶面积与房屋总面积的值较大，这为太阳能最大化利用和建筑形式一体化提供了有利的条件。

（3）空间格局易于实现被动式太阳能通风的应用。农村住宅一般都在两到三层左右，楼梯间的高度为热压通风提供充足的动力。

2.2.1　农村既有建筑可拆卸式被动房技术

以西北地区农村既有建筑可拆卸式被动太阳房技术应用为例。

西北地区的农村建筑特点为：单层土木结构建筑、进深较大、北向及东西向无外窗、室内功能房间区分不明显。建筑外墙多数采用实心黏土砖，部分旧建筑外墙仍采用泥土砌块，外墙基本上没有采取复合保温方式；外窗以铝合金单玻窗及木框单玻窗为主；屋面多为坡屋面及平屋面。室内供暖方式多采用火炕和火炉，也有一定比例的土暖气系统。西北地区具有丰富的太阳能资源，可利用太阳能为西北地区的农村建筑供暖。

相比之下，对西北地区农村建筑而言，主动式建筑构造复杂、造价较高；同时这类地区房间内部设置有"炕"，晚间供暖可以通过"炕"来实现。因此被动式太阳能建筑利用形式在村镇建筑中相对较为适用。在目前固定式被动太阳房技术基础上，提出适用于陕甘宁青地区村镇建筑改造的可拆卸式被动太阳房技术如图 2.2-2 所示。

其工作原理与传统附加阳光间类似，不同之处在于阳光间采用塑料薄膜材质，同时支撑部分采用轻质龙骨或其他简易支撑结构，该技术适用于既有村镇建筑，改造成本小。同时对于夏季或过渡季节便于拆卸，可以起到提高室内温度和提高室内空气品质的作用。

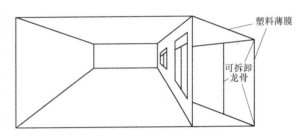

图 2.2-2　可拆卸式被动太阳房模型及工作原理

拟采用数值模拟和实地测试相结合的方法来探讨新型可拆卸式被动太阳房技术在农村既有建筑的实地应用。

2.2.2　数值模拟

1. 典型建筑模型

经过对调研数据的统计分析建立典型建筑模型，平、立面图如图 2.2-3 所示。

典型城市分别为延安市、白银市（甘肃省）、吴忠市（宁夏回族自治区）、西宁市。

2. 工况分析

数值模拟时建筑基本参数设定见表 2.2-4，数值模拟如图 2.2-4 所示。可拆卸式被动太阳房材质参数设定时使用陕西省建筑工程质量检测中心实测的材料性能参数。采用新型塑料薄膜式附加阳光间厚度为 0.16mm，导热系数为 0.2W/(m·K)，透过率为 0.65；与其对比分析的新型气泡塑料材质附加阳光间，其厚度为 3.5mm，导热系数为 0.057W/(m·K)，透过率为 0.6。气象数据：来自 CTYW 美国国家气象数据中心的中国典型年气象数据。

由于采用塑料薄膜材质，因此阳光间内空气温度较传统玻璃材质低，需要研究不同时刻阳光间内的温度场分布，计算设计要求下本技术的保证率。新型技术的应用能够在一定程度上减少村镇既有建筑的常规供暖负荷，需要计算其节能潜力，并结合初投资进行技术经济性分析。新型技术运行期间，采用开窗实现通风换气时室内温度、流场和 CO_2 浓度场分布。研究内容工况设置及对比分析见表 2.2-5。

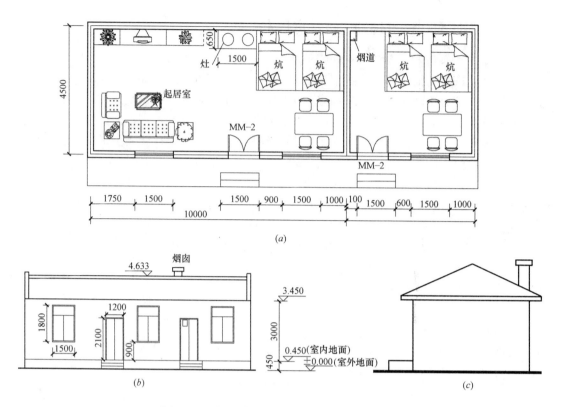

图 2.2-3　典型建筑模型平立面图（单位：mm）
(a) 平面图；(b) 正立面图；(c) 东立面图

建筑基本参数　　　　　　　　　　　　　　　　表 2.2-4

	类型一	类型二
屋面	木屋架、坡屋面	预制混凝土楼板、平屋面
外墙	24 砖墙	24 砖墙
外窗	单层单玻木窗	单层单玻铝合金窗
窗墙面积比	20%、40%	40%、60%
外门	单层木门	单层铁门
供暖方式	火炉、火炕	
能源消耗量	2～3t/年	
室内测试温度	10～14℃	
室内 CO_2 浓度	600～800ppm	

3. 模拟结果

采用 Gambit 软件进行计算模型的建立，计算模型的离散采用 Fluent 软件，离散方程组的求解采用软件自带的 Fluent 5/6 求解器。计算出的温度场、速度场和 CO_2 浓度场数据采用 Tecplot 软件进行后处理，并辅助 Origin7.5 软件进行数据分析。计算物理模型如图

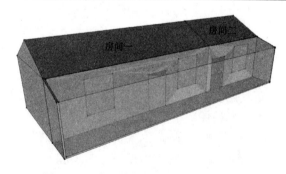

图 2.2-4　典型建筑可拆卸式被动太阳房

2.2-5 所示，各个参数场计算结果如图 2.2-6～图 2.2-9 所示。

研究内容工况设置及对比分析   表 2.2-5

研究对象	工况	研究内容	研究目标
传统村镇建筑	1	典型气象日室内温度分布	基础工况
可拆卸式太阳房	2	典型气象日室内 附加阳光间温度分布	室内温度提高效果 开启公共门窗时间设置
通风换气工况	3	典型气象日开启公共门窗时 室内、附加阳光间温度分布	室内温度曲线变化 换气次数增加 验证开启时间是否合理 单位面积热负荷
采用不同附加材质	4	采用新型塑料薄膜材质与采用传统 玻璃材质下不同时刻房间内、附加阳光 间温度分布	分析材质对被动太阳房技术性能(温度、 单位热负荷)的影响;

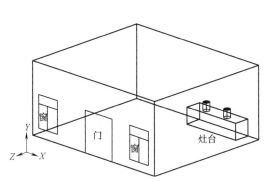

图 2.2-5 典型村镇建筑某房
间三维计算物理模型

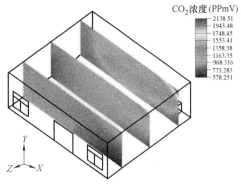

图 2.2-6 模拟计算房间不同断
面 CO_2 浓度场分布

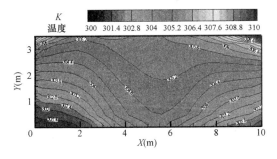

图 2.2-7 模拟计算房间某断面温度场

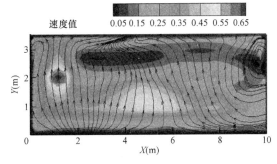

图 2.2-8 模拟计算房间某断面速度场

以上计算结果可知，采用数值模拟方法可以计算不同时刻被动太阳房室内、附加阳光间内任一段面的温度场、速度场和 CO_2 浓度场分布，从而定性的研究本课题提出的新型技术，同时图中截面上任一点的数据能够通过 Fluent 软件提取，进而为本课题新型技术的定量研究提供保障。

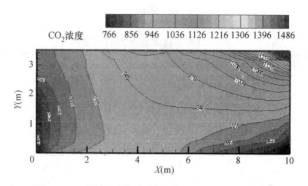

图 2.2-9　模拟计算房间某断面 CO_2 浓度场分布

4. 模拟结果分析

通过模拟可以得出采用被动式太阳能房后，建筑的室内温度得到一定的提高，建筑供暖能耗有一定的降低，被动式太阳能房有效地减少了房间热量的散失，减小了供暖能耗。各地区有无附加阳光间房间逐时温度分布如图 2.2-10 所示。

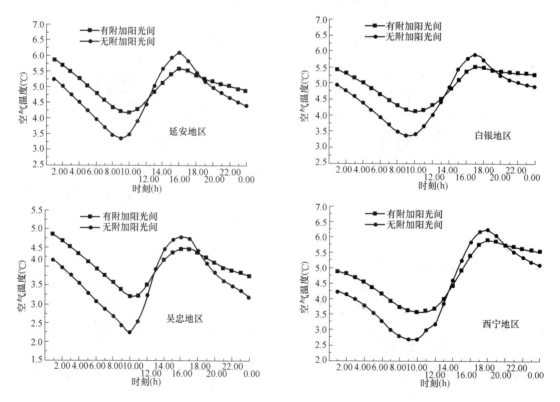

图 2.2-10　各地区有无附加阳光间时房间—逐时空气温度对比

可拆卸式被动太阳房数值模拟分析形成以下结论：

（1）延安、白银、吴忠、西宁四个地区太阳辐射量充足，满足可拆卸式被动太阳房技术在四个地区农村建筑中应用的基础要求。

（2）采用可拆卸式被动太阳房技术后，四个地区住户房间温度较未使用前有 $0.5 \sim 1$℃ 的提升，房间逐时平均温度位于 $4.0 \sim 5.0$℃ 范围内，逐时最大温度均不超过 6℃，距

14℃的设计温度仍有较大差距，单一采用可拆卸式被动太阳房技术并不能满足室内温度的设计要求。

（3）采用可拆卸式被动太阳房技术，四个地区农村建筑的节能率位于 6.46%～7.51% 范围内。

（4）住户房间温度波函数的振幅降低，房间逐时温度差值减小，室内人员的舒适性有一定量的提升。

（5）将塑料薄膜材质改为玻璃材质后，四个地区住户房间温度有 1.88～2.15℃ 的提升，节能率提升至 33%～44% 范围内。可拆卸式被动太阳房技术选用透光性、保持性好的采光材料对建筑能耗的降低意义显著。

（6）四个地区相比来说，采用性能优良的采光材料对太阳辐射强度弱的地区，节能性较为显著，并且采光部件材质对此类地区附加阳光间内空气温度保障率的提升意义明显。

（7）研究工况下，延安市公共门窗的最佳开启时间段为 14：00～15：00、持续时间为 1h；白银、吴忠地区门窗开启后公共阳光间空气温度均低于 14℃，无最佳开启时间段；西宁地区最佳开启时间段为 14：00～18：00、持续时间为 5h。

（8）村镇建筑可拆卸式被动太阳房技术的优化，可以从附加阳光间采光部件材质性能的提升，公共门窗开启时间段的优化选择两个方面进行。

2.2.3 实际项目现场测试

1. 测试建筑概况

测试建筑位于甘肃省白银市靖远县古城镇，建筑概况与数值模拟的典型建筑模型基本一致。该建筑建于 2000 年，建筑面积约为 150m²，房间进深约 4m，房屋结构为单层平顶平房，设有卧室三间，厨房一间，建筑结构为砖混结构。屋顶为预制混凝土板承重结构，上铺 20～40mm 厚炉渣材料用于保温、隔热。外墙采用普通烧结砖墙，无保温。窗户全部采取朝南设置，平开式单层单玻铝合金窗，南向窗墙面积比约为 50%。为争取最大利用太阳能直接得热，主活动空间外侧均设置有可拆卸太阳房（图 2.2-11）。主卧带有火炉火炕，充分考虑到冬季供暖的实际要求。库房、卫生间等其他辅助用房布置在西侧。另外选取与该建筑类似的另一个建筑进行对比测试。

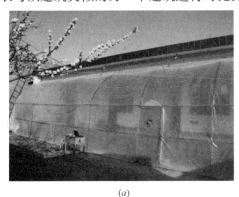 

(a)　　　　　　　　　　　　　　　　*(b)*

图 2.2-11　实际项目建筑情况

（a）主要活动空间；（b）主要活动空间室内

2. 测试方案

本次测试依据现行行业标准《居住建筑节能检测标准》JGJ/T 132—2009、《严寒和寒冷地区居住建筑节能设计标准》JGJ 26—2010、《民用建筑热工设计规范》GB 50176—2016。通过实地测试来验证数值模拟的结论。根据检测标准要求和技术研究需要布置测试点，测点布置图如图 2.2-12 和图 2.2-13 所示。

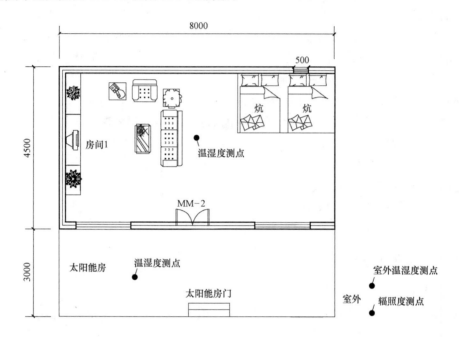

被动式太阳能房 1 平面图

图 2.2-12 有附加阳光间室内室外测点布置图

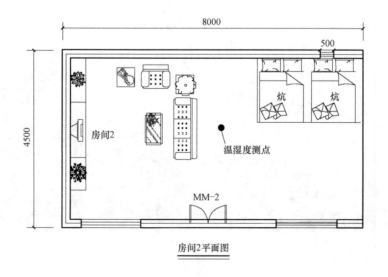

房间 2 平面图

图 2.2-13 无附加阳光间室内测点布置图

房间1室外设有附加被动太阳能的建筑，布置室外测点（室外太阳能总辐射量、室外温湿度、附加阳光间温湿度、室内温湿度、室内二氧化碳浓度），房间2为无附件阳光间的建筑，两个建筑的户型、面积、朝向均为一致，行为作息习惯、用能习惯基本一致，其中家具摆设略有不同。

房间1、房间2内温湿度计均布置在房间中心距地面1.5m位置。太阳能房间温湿度计、室外温湿度计在测试期间放置在未被太阳直射距地面1.5m处，辐射度计水平放置在距地面1.5m处。设有可拆卸式太阳房的白银地区公共门窗最佳开启时间段选择为数值模拟分析的结果15：30～17：30、持续时间为2小时。在数值模拟的基础上，可通过实地测试的方法对村镇建筑可拆卸式被动太阳房技术进一步验证数值模拟研究的内容。对建筑进行一个星期的连续跟踪测量，该期间将对建筑进行如下项目的检测研究：

（1）聚乙烯薄膜气泡膜的导热系数、最大拉力、延伸率检验；

（2）检测期间逐时室外太阳能总辐射量；

（3）检测期间逐时室内外空气温度值检测研究；

（4）检测期间逐时室内外空气相对湿度值检测研究；

（5）检测期间逐时室内二氧化碳浓度值检测研究。

测试仪器及测试项目如图2.2-14所示。

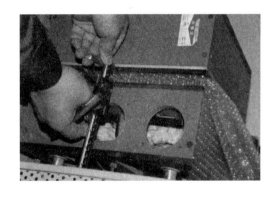

(a)　　　　　　　　　　　　　　　　(b)

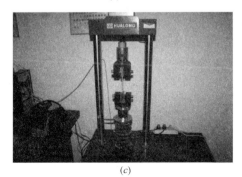
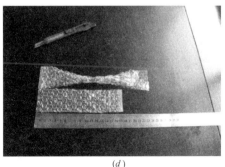

(c)　　　　　　　　　　　　　　　　(d)

图2.2-14　测试仪器及测试项目
(a) 导热系数测定仪；(b) 厚度测定；(c) 最大拉力测定；(d) 延伸率测定

3. 测试结果分析 (表 2.2-6)

气泡膜导热系数、最大拉力、延伸率测试结果　　　　　　　表 2.2-6

序号	检验项目		计量单位	质量要求	检验结果
1	导热系数(平均温度 25℃)		W/(m·K)	实测值	0.0572
2	最大拉力	纵向	N/50mm	实测值	24
		横向	N/50mm	实测值	23
3	最大拉力下延伸率	纵向	%	实测值	283
		横向	%	实测值	285

检测期间逐时室外太阳能总辐射量、室内外空气温度湿度值检测如图 2.2-15 所示。

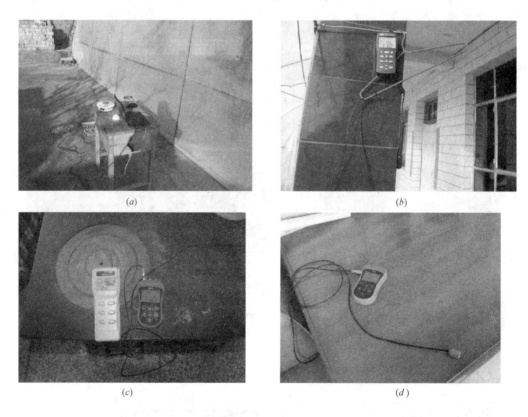

(a)　　　　　　　　　　　　　　　　(b)

(c)　　　　　　　　　　　　　　　　(d)

图 2.2-15　逐时室外太阳能总辐射量、室内外空气温度湿度值测点
(a) 室外测点(太阳能总辐射表、室外温湿度)；(b) 有附加阳光间温湿度检测；
(c) 有附加阳光间室内温湿度、CO₂ 浓度检测；(d) 无附加阳光间室内温湿度检测

不同时间的不同测点温度曲线对比如图 2.2-16 所示，可以看出选取的白银市靖远县示范建筑在加装可拆卸被动式太阳能房后，有附加阳光间的房间 1 较无附加阳光间的房间 2 的基础室温全天波动幅度变小，且基础室温的平均值提高 2.5～4.4℃，并且根据实测结果房间 1 在 12：00～18：00 室内的 CO_2 浓度下降明显，温度变化不大，室内舒适度提高。

由于城市与农村生活行为与习惯、经济条件以及舒服度体感标准等方面，存在较大差异，不套用现有城市室内热舒适环境标准，应充分考虑当地居民行为作息习惯、用能习

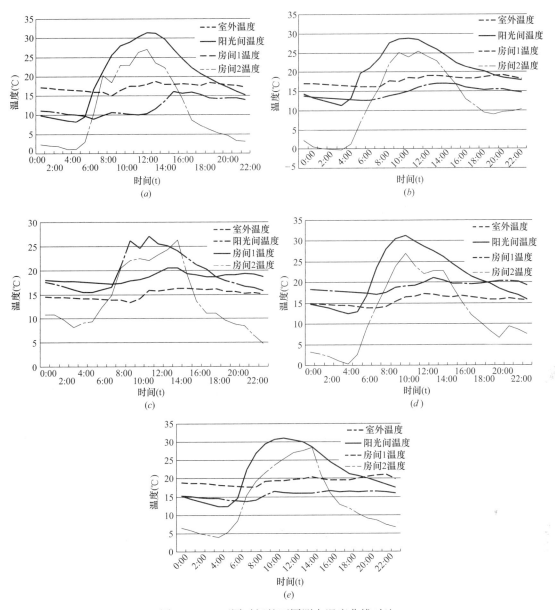

图 2.2-16　不同时间的不同测点温度曲线对比

（a）2月28日各测点温度曲线对比图；（b）3月1日各测点温度曲线对比图；（c）3月2日各测点温度曲线对比图；
（d）3月3日各测点温度曲线对比图；（e）3月4日各测点温度曲线对比图

惯、经济承受能力等，建立适合农村地区的室内热舒适标准。可拆卸式被动太阳房充分考虑了这些因素，适宜推广应用。

2.3　混合通风技术

1. 设计思路

本装置考虑可实现以下功能：利用室内外温度的不同，根据实际情况来控制风机的启

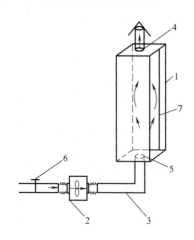

图 2.3-1　混合通风装置示意

1—太阳能吸热箱主体；2—风机；3—风管；
4—出口；5—进口；6—阀门；7—吸热体

停，夏天或过渡季节需要通风时，当室外空气温度低于室内空气温度时，通过风机加大室内的通风换气量，对室内进行通风降温；当室外空气温度高于室内空气温度时，关闭风机（室内空调开启），利用设备产生的热压效应保证室内人员的基本新风量的要求。

2. 装置构成

该装置由太阳能吸热箱主体、风机、阀门和排风管道四大部分组成，如图 2.3-1 所示。

（1）吸热箱主体

吸热箱主体的作用一是作为空气流通的过道；二是保证在空调运行时，能为室内提供新鲜空气，如图 2.3-2 所示，其正面为透明玻璃，背面是吸热体。吸热体表面为一系列增强换热的翅片，增强空气的换热效果，如图 2.3-3 所示。

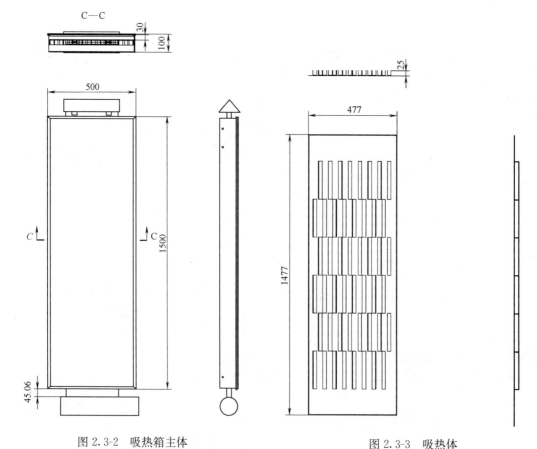

图 2.3-2　吸热箱主体

图 2.3-3　吸热体

（2）风机

风机的作用就是在室内外温差不能形成较大换气次数的情况下，提供足够的通风量为室内降温。

风机应根据建筑所处地的室外气象条件，确定风机的风量。如无相关数据，可按 20 次/h 的通风量进行选择（由于南方地区的经济发展情况不一样，室内面积的差异较大，所以风机的风量差异会较大）。

通风机选择要求：体积小，便于安装；噪声小，噪声在 30～53dB（A），不影响白天室内工作和夜间人员休息；风量可以调节，以便于按不同时段的通风要求调节风量，满足舒适性要求并节能。具体风机图如图 2.3-4 所示（立体图、左视图、主视图）。

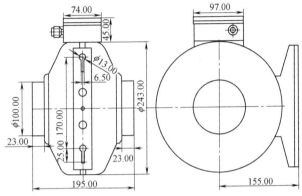

图 2.3-4　风机示意

（3）阀门

阀门是在冬季时，关闭整个设备。

3. 工作原理（图 2.3-5）

在过渡季节和夏季需要降温的时段，当室外空气温度低于室内空气温度时，风机启动，室内的热空气从房间依次通过风机、排风管道、太阳能吸热箱主体排放到室外大气，这样室内就会形成负压，室外的冷空气则通过门窗等进入室内，起到降温的效果。在冬季时，不需要利用室外空气对室内进行降温，因此利用阀门关闭整个设备。

当室外空气温度高于室内空气温度时，风机关闭，不能通过室外温度为室内降温，需要尽量减少室外空气往室内流动（所有窗户、门均会关闭），但必须要保证室内人员的基本新风量的要求。此时，中空透光的太阳能吸热箱主体内形成的热压可以驱动室内满足热舒适的最低换气次数要求。

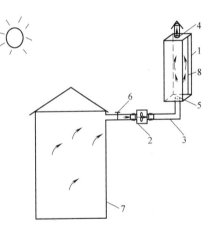

图 2.3-5　通风装置使用示意
1—太阳能吸热箱主体；2—风机；
3—风管；4—出口；5—进口；
6—阀门；7—房间；8—吸热体

2.3.1　装置的理论分析

1. 装置高度确定

为满足一般卧室室内热舒适的通风换气次数为 0.7 次/h（根据《民用建筑供暖通风与空气调节设计规范》GB 50736—2012）。根据设备开口尺寸换算得到风速 0.2m/s 即可满足要求。

装置高度通过 $P=\Delta\rho gh=\dfrac{1}{2}\sum\xi\rho v^2$ 计算得到为 0.6～1.0m。考虑适当的安全裕量，取高度为 1.5m。

2. 流道优化

为了寻求最优的流道设计，本研究分析了三种流道模型的情况，分别为无翅片（吸热体为光滑面）、齐翅片（吸热体的翅片沿长度方向在一条直线上）、交错翅片（吸热体的翅片沿长度方向不在一条直线上），利用 PHOENICS 软件进行模拟，模拟结果如图 2.3-6 和图 2.3-7 所示。计算模型的构造和尺寸按照图 2.3-2 和图 2.3-3 设置。

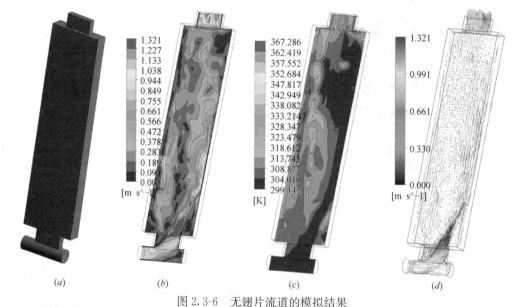

图 2.3-6　无翅片流道的模拟结果

（a）模型图；（b）速度云图；（c）温度云图；（d）速度矢量图

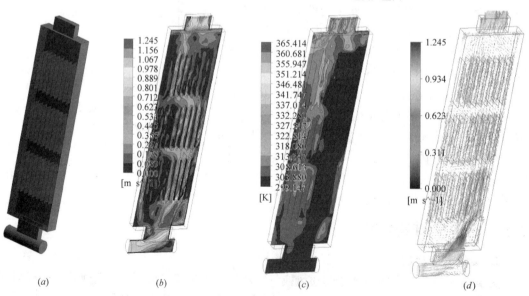

图 2.3-7　齐翅片流道的模拟结果

（a）模型图；（b）速度云图；（c）温度云图；（d）速度失量图

图 2.3-6 是无翅片流道的模拟结果，温度分布和风速分布明显呈现一种无序的状况。

图 2.3-7 是齐翅片流道的模拟结果，温度分布和风速分布明显比无翅片的要有规律。

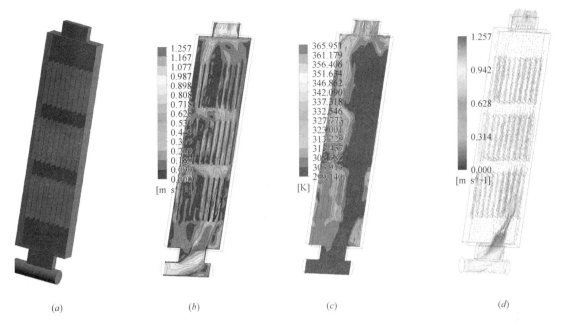

(a) (b) (c) (d)

图 2.3-8 交错翅片流道的模拟结果

(a) 模型图；(b) 速度云图；(c) 温度云图；(d) 速度失量图

图 2.3-8 是交错翅片流道的模拟结果，设备内的最大风速比齐翅片低，但温度比齐翅片高。评价设备的优劣应该分析出口的风量和温度。三种不同流道模型类型的出口温度和出口质量流速的模拟计算结果见表 2.3-1。

计算结果汇总   表 2.3-1

	出口温度 K	出口质量流速(kg/s)
模型一(无翅片流道)	319.766	0.00734673
模型二(齐翅片流道)	321.653	0.00742712
模型三(交错翅片流道)	323.586	0.00755597

通过对比分析可以看到，交错翅片构造的通风量和出口温度均是最好的，而且模拟计算的风速均可以满足室内最小新风量的要求。

2.3.2 装置的性能测试

为获得混合通风装置在风机开启和关闭情况下的通风效果，对混合通风装置进行了测试。

测试装置具体的参数见表 2.3-2，其中风机是参照示范工程的房间面积，取的是1000m³/h。

混合通风装置构成设备（部件）明细
表 2.3-2

序号	名称	主要技术参数	数量
1	太阳能吸热箱主体	长×宽×高＝500×150×1500	2 台
2	风机	额度风量 1000m³/h；扬程≤6m	2 台
3	温差控制器	控制温度 0～99℃	2 台
4	铜康铜电阻	测温精度 1℃	4 根
5	PVC 管道	直径 200mm	20m
6	阀门	直径 200mm	2 个

混合通风装置需要测量室外气象参数、温度、风速等技术参数，需要的测试仪表见表 2.3-3。

测试仪器
表 2.3-3

序号	名称	主要技术参数	数量
1	温度计	0～200℃	3 套
2	微风速仪	风速范围：0.1～10m/s	1 个
3	小型气象站	DAVIS	1 台

分别在风机开启和风机关闭两种状态下测试混合通风装置的进出口风速和温度，测试结果分别见表 2.3-4 和表 2.3-5。

未开风机测试情况
表 2.3-4

装置测试数据(吸热箱主体尺寸 1500×500×150)			
进口风速(m/s)	进口温度(℃)	出口风速(m/s)	出口温度(℃)
0.11	28.5	0.13	46
0.12	31.3	0.14	51.5
0.14	32.6	0.15	54.5
自然循环每小时流量 20～27m³			

风机开启测试情况
表 2.3-5

装置测试数据(吸热箱主体尺寸 1500×500×150)			
进口风速(m/s)	进口温度(℃)	出口风速(m/s)	出口温度(℃)
4.7	28.8	4.9	29.2
机械循环每小时流量 1010m³			

2.3.3 装置的应用分析

1. 适用范围

混合通风装置适用于我国夏热冬冷和夏热冬暖地区夏季有通风降温需求的村镇建筑。

2. 特点和优缺点

本装置是利用光热技术，当室外温度高于室内温度时，利用热压效应，保证室内房间满足卫生条件要求的最小新风量；当室外温度低于室内温度时，开启风机，从而实现室内的混合通风，利用室外的冷空气进行通风降温，可以有效改善夏热冬冷和夏热冬暖地区夏季的室内环境，节约通风和空调能耗，很好地弥补了现有单纯依靠自然通风通风量不足的缺点，起到了良好的效果。

3. 运行控制

该系统在过渡季节和夏季需要降温的时段，当室外空气温度低于室内空气温度时，风机启动，室内的热空气从房间依次通过管道、风机、入口、中空透光太阳能吸热箱主体、出口到室外大气；这样室内就会形成负压，室外的冷空气通过门窗等进入室内，起到降温的效果。在冬季时，不需要利用室外空气对室内进行降温，利用阀门关闭整个设备。

当室外空气温度高于室内空气温度时，风机关闭，不能通过室外温度为室内降温，需要尽量减少室外空气往室内流动（所有窗户、门均会关闭），但必须要保证室内人员的基本新风量的要求。

4. 运行维护管理

（1）注意通风装置顶部出风口的避雨，以免雨水通过设备进入室内。

（2）冬季长期不使用时，应注意切断风机电源，以避免过量通风。

（3）每年春季，对温度传感器进行校核，看是否有损坏。

（4）每年春季，检查风机的状况。

2.3.4 装置的技术经济评价分析

1. 经济性分析

混合通风装置的造价见表 2.3-6。

混合通风装置造价 表 2.3-6

装置名称	单位	工程量	单价	合价	人工单价		机械单价		合计
					单价	合价	单价	合价	
混合通风装置	组	1	2600	2600	200	200	50	50	3100

表 2.3-6 是在示范工程中采用混合通风装置的实际工程造价，合计 3100 元/套，相当于一台普通变频空调的价格，普通农村家庭应该还是可以接受的。

由于设备为厂家定制产品，单台造价较高，如果能实现批量生产，设备价格可以降到 1300 元/台，加上设备安装等费用共约为 1800 元/套。

2. 节能性分析

使用该通风装置夏季每天可以减少 10h 的风扇（风扇功率 80W，设备风机功率 30W）运行时间，4h 的空调（空调功率 1080W）运行时间。合计节约用电 4820W/d，节约电费 2.41 元/d。夏季按 90d 计算，每年可节约费用 216.9 元。设备的投资回收期为 8.3 年。

3. 环保效益

通过使用该设备，一套设备全年可节电 433.8kWh，节约折合标准煤 145.3kgtec。

4. 推广意义

由于该设备通风效果好，节能效果明显，投资回收期适中，环保效益好，在夏热冬冷和夏热冬暖地区有良好的推广应用前景。

2.3.5 设计技术要点

1. 混合通风设计应包括下列内容：
(1) 装置高度确定；
(2) 系统风机风量确定；
(3) 设备进风口方向及气流方向确定；
(4) 设备安装方式确定。

2. 应根据安装的实际位置确定设备的整体高度，但不宜小于1.5m。

为满足一般卧室室内热舒适的通风换气次数为0.7次/h（根据《民用建筑供暖通风与空气调节设计规范》GB 50736—2012）。

装置高度通过 $P = \Delta \rho g h = \frac{1}{2} \sum \xi \rho v^2$ 计算得到为0.6～1.0m。考虑适当的安全裕量，取高度为1.5m。

3. 根据建筑所处地的室外气象条件和使用房间的面积确定合理的通风换气次数，确定系统风机的风量，如无相关数据，可按20次/h的通风量进行选择。

装置高度所产生的热压是满足通风换气次数为0.7次/h要求的，这里需要确定的是过渡季节和过渡时间段利用室外自然风对室内进行通风降温的换气次数，进而确定风机的风量和功率。

4. 房间的排风口（设备的进风口）应设置在房间上半部温度较高的位置，设备的出风口应避免将热风送到人员活动场所，如图2.3-9所示。

（a）　　　　　　　　　　　　　　　（b）

图 2.3-9　设备的进风口位置

（a）房间的排风口（设备的进风口）；（b）设备的排风口

5. 应根据混和通风装置放置的具体位置确定设备的气流进口方向。

混和通风装置的气流方向分为左进式和右进式，该方向根据设备安装位置进行选择。

6. 应根据混和通风装置放置的具体位置确定设备安装的方式。

混和通风装置的安装方式主要是平行安装和垂直安装两大类。平行安装是指设备平行于竖直墙面进行安装,该安装方式适用于南向外墙,且无明显遮挡时采用。垂直安装是指设备放置于屋顶,设备整体垂直于屋面,适用于南向外墙无法安装的情形。

2.3.6 施工建造技术要点

1. 吸热箱主体安装

(1) 先将吸热箱主体支架用膨胀螺栓竖直固定在墙(屋面)上。

(2) 安装下连接角。

(3) 将吸热箱主体放在下连接角上,再装上连接角。

(4) 将连接角和吸热箱主体固定。

2. 风机安装

(1) 风机本身带有安装底座,上有安装孔。

(2) 确定风机位置,将固定风机的膨胀螺栓固定在墙(屋面)上。

(3) 安装风机。

3. 温度传感器安装

(1) 室内温度传感器应放置在室内 1.2m 的高度。

(2) 室外温度传感器应不能放置在太阳光直射的地方。

2.3.7 维护管理要点

(1) 注意通风装置顶部出风口的避雨,以免雨水通过设备进入室内。

(2) 冬季长期不使用时,应注意切断风机电源,以避免过量通风。

(3) 每年春季,对温度传感器进行校核,看是否有损坏。

(4) 每年春季,检查风机的状况。

2.4 自然采光技术

室内采光要求房间采光系数达到《建筑采光设计标准》GB 50033—2013 相关功能空间采光系数要求。目前自然采光的应用技术包括光导管、采光板等。

2.4.1 光导管

光导管在应用中的技术特征为可见光的传导系数随传导距离的增加而下降较快,其构造的关键内核为反光铝箔,反光率达到 99.99% 即可。

特点:全新设计的日光高效集滤系统,高效遮阳收集日光;复合日光捕捉系统,捕获更多低角度入射光;高性能镜面反射导光系统,反射率高达 98%;一体成型的平行排水板系统,安全的防水保障;45°可调节弯头,可达成任意方向调节;辅助照明系统和光线调节器。光导管采光原理示意图及示例如图 2.4-1 所示。

反射技术:采用先进的反射技术将 40% 的阳光向上反射,经过散射形成部分照明;其余的阳光向下反射使得工作高度的光照充足。反射技术原理示意图及示例如图 2.4-2 所示。

目前光导管在绿色建筑中主要应用于大空间采光、地下车库采光,分别安装于建筑中

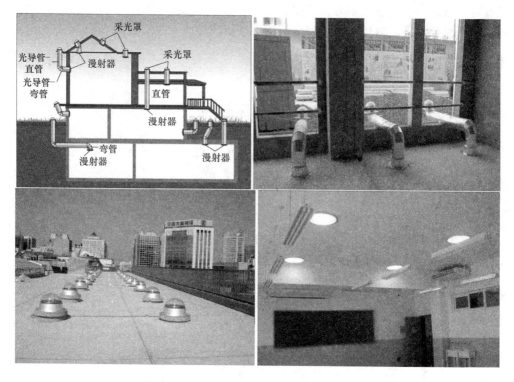

图 2.4-1　光导管采光原理示意图及示例

图 2.4-2　反射技术原理示意图及示例

庭顶部、水平地面上。地下空间宜采用光导管技术利用天然光进行日间照明。由于地下空间照明时间长，才采用设置采光天窗，采用下沉式广场或人行车库入口或在建筑侧设置采光侧窗等措施为地下空间提供舒适、明亮的地下天然采光。还可以采用导光管、光纤等先进的天然采光技术将室外的自然光引入地下室，改善室内照明质量和自然光利用效果。

2.4.2　采光板

采光板是玻璃纤维增强复合板材（图 2.4-3），是属热固性。复合材料的本身就决定了属于光学上的非均一物体。由于玻纤直径要比可见光的波长大得多，而相临两根纤维之间的距离很小，因此，要产生多次散射，使耀眼的阳光变成亲和人眼的柔光。工人长时间在室内工作人眼不会疲劳，并又节能。再加上采光板表面有特殊的抗紫外线薄膜在原材料中加入抗紫外剂，大大延长了使用寿命。

适用范围：采光板常用于工业厂房屋面墙面采光，农业蔬菜大棚保温采光，公共体育场馆屋面采光，仓库、温室、车站、码头、航空港、商业建筑、钢结构等诸多采光领特殊要求的建筑物阻燃防腐隔热等场所。

图 2.4-3 采光板

（a）普通型采光板；（b）阻燃型采光板；（c）角驰型采光板；

（d）FRP 采光板；（e）玻璃钢采光瓦；（f）防腐耐厚型采光板

第3章 太阳能炕供暖技术

结合北方农村现状，在理论分析的基础上，参考相关太阳能供暖设计规范，研究确定太阳能炕供暖系统设计方案，分析太阳能供暖系统的集热系统设计、混水系统设计、末端装置设计等方面内容；并搭建太阳能炕供暖系统实验台，对太阳能炕供暖系统供回水温度、炕面温度及室内温度分布情况进行测试；根据实验测试结果，深入研究分析太阳能炕的热工性能、蓄热性能、供热能力及系统运行情况，以实验测试数据作为模拟条件，通过实测值与模拟值对比分析，研究分析不同供暖形式的室内温度分布情况及室内热舒适度，全面了解太阳能炕系统供暖效果。

3.1 实验台的搭建

3.1.1 设计条件

1. 气象条件

实验地点位于丹东市东港市合隆镇，北纬 $40°03'$，东经 $124°20'$，属于我国东北地区。全年四季分明，属于暖温带亚湿润季风气候。冬季供暖室外温度 $-11℃$，平均太阳日总辐射强 $5720MJ/m^2$，冬季日照率 65%，测试时间选择了丹东最冷月 2 月。

2. 实验地点选取

实验地点位于丹东市东港市合隆镇某农户家，房屋坐北朝南，本实验使用 2 个房间，房间都是长 5.3m，宽 4.8m，高 3m。平面如图 3.1-1 和 3.1-2 所示。

图 3.1-1 实验测试房间外观图

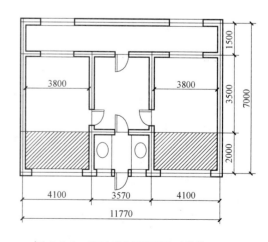

图 3.1-2 实验房间平面图（单位：mm）

56

3.1.2 太阳能热水器的安装

1. 太阳能热水器设置

（1）太阳能热水器朝向确定

太阳能集热器朝正南方为最佳朝向，充分利用太阳能。

（2）太阳能热水器最佳倾斜角确定

公式法，由于系统研究主要是为冬季使用，按照经验，计算采用当地纬度加10°的方法，北纬40.7°，即：

$$\beta = \varphi + 10° = 40.7° + 10° = 50.7°$$

太阳能热水器的集热器朝向正南方，与水平面夹角50.7°。

2. 太阳能热水器选择

太阳能热水器是整套系统中最重要的部件之一，其面积大小直接影响整套系统的集热量，从而影响太阳能炕的供暖效果。

（1）供暖房间负荷系数计算

供暖房间的尺寸5.3m×4.8m×3m，南墙上一扇2.5m×1.5m的窗子。房间的换气次数 n 为 $1h^{-1}$。有关数据及计算结果列于表3.1-1，其中，$V = 5.3 \times 4.8m \times 3m = 60.42m^3$，$\rho_a = 1.2kg/m^3$，$C_p = 1.008kJ/(kg \cdot ℃)$。

计算表

表3.1-1

围护结构名称	尺寸	面积 A	传热系数 U	AU
	m×m	m²	W/(m²·℃)	W/℃
东墙	5.3×3	15.9	0	0
西墙	5.3×3	15.9	0	0
南墙	4.8×3	11.4	1.72	19.61
北墙	4.8×3	11.4	1.35	15.39
屋面	4.8×5.3	20.14	0.78	15.7
地面	4.8×5.3	20.14	0.47	9.5
南窗	2.5×1.5	4.75	2.8	10.5

1）总负荷系数

$$TLC = 24 \times 4.6 \times [(19.61 + 15.39 + 15.7 + 9.5) + 1 \times 60.42 \times 1.2 \times 1.008)]$$
$$= 11515.4kJ/(℃ \cdot d)$$

净负荷系数：

$$NLC = 24 \times 4.6 \times [(19.61 + 15.39 + 15.7 + 9.5 + 10.5) + 1 \times 66.12 \times 1.2 \times 1.008)]$$
$$= 12422.6J/(℃ \cdot d)$$

2）计算月太阳有效得热量

根据公式计算，其中 $\alpha_a = 0.92$，$X_m = 0.8$

$$\overline{S_{ot}} = \overline{H_{t\theta}\tau_{t1}} = 9649kJ/(℃ \cdot d)$$

$$S_M = M\overline{S_{ot}}\alpha_a A_g X_m = 745.67MJ/d$$

3）计算直接受益窗对房间的月平均日（净）供热量

根据公式计算等效温度，其中 $U=2.8\text{W}/(\text{m}^2 \cdot ℃)$，$A_{\text{g.gl}}=2.5 \times 1.5=4.75\text{m}^2$，$T_r=10℃$，$T_a=-1.1℃$

$$Q_{\text{CG}}=[S_{\text{ot}}\alpha_a X_m-24 \times 4.6U_g(T_r-T_a)] \times A_{\text{g.gl}}=16776.24\text{kJ}/\text{d}$$

4）计算室内的人、照明及非专用供暖设备的月平均日供热量

设计供暖房间为双人居室，仅考虑室内人员散发的热量，则供暖房间内的日供热量平均值为：

$$Q_{\text{in}}=100 \times 24 \times 2=4.8\text{kJ}$$

5）计算除窗子外围护结构向室内的总日射的月平均日辐照量

根据公式，计算等效温度 $\alpha_0=24.4\text{W}/(\text{m}^2 \cdot ℃)$

$$\alpha_s=(0.85+4 \times 0.7)/5=0.73$$

$$Q_{\text{ob}}=24 \times 4.6\sum A_i U_i T_i=24446.02\text{kJ}/\text{d}$$

6）计算房间的月供暖辅助热量

房间月供暖辅助热量 Q，即为太阳能炕在供暖期需向房间提供的热量，也就是太阳能炕供暖系统的月供暖负荷。因此，太阳能炕的供暖负荷等于房间在供暖辅助热量之和：

$$Q=[M \times NLC(T_r-T_a)-QCG-Q_{\text{in}}-Q_{\text{ob}}]/1000=2671.8\text{MJ}$$

计算太阳能每小时需要的热量 $Q_H=2671.8/28/24 \times 1000=3976\text{kJ}$

（2）太阳能集热器面积的计算

$$A_{\text{cl}}=\frac{86400Q_H f}{J_T\eta_{\text{cd}}(1-\eta_L)}=\frac{86400 \times 3976 \times 1000 \times 0.2}{13.854 \times 10^6 \times 3600 \times 0.4 \times (1-0.3)}=4.9\text{m}^2$$

此外，末端选择的是一种换热面积大、壁薄导热性好、换热均匀、水力损失小，适合低温供暖的换热器，即毛细管网。根据炕体的尺寸 $4.8\text{m} \times 1.8\text{m}$，定做 $1.6\text{m} \times 4.6\text{m}$ 的 U 型毛细管网。根据厂家提供的数据考虑炕供暖的舒适度，设计温度 30℃，供暖供回水温度宜为 35/32℃，每平方米散热能力 135W，需要考虑损失 0.3 的遮挡率因素。太阳能热水器需要向毛细管网提供热量：

$$Q_H=2711.8\text{kJ}$$

$$A_{\text{C2}}=86400 \times 2711.8 \times 1000 \times 0.2/(14.854 \times 10^6 \times 3600 \times 0.4 \times 0.7)=4.45\text{m}^2$$

根据农村实际一家 4～5 人，每人平均用水量 50L，选择澳柯玛热水器，水箱容积 250L，水箱内径 360mm，集热管长 1.8m，24 支管的太阳能热水器，集热面积 4.6m²。

3. 太阳能热水器安装

本系统采用的是全玻璃真空管式集热器，属于易碎品。安装过程中先用肥皂溶液将真空管两端沾湿，再插入两端的插槽（图 3.1-3）。肥皂溶液起到润滑的作用，减小真空管壁与插槽间的摩擦力，操作时候可以轻松将真空管插入插槽，防止造成真空管破裂，太阳能安装完毕后如图 3.1-4 所示。

3.1.3　混水箱的制作与安装

混水箱的作用：一是有利于分别控制集热循环和供热循环；二是太阳能热水器的水温

不稳定，具有调控水温作用。混水箱具有保温作用。混水箱容积 $V = 500\text{mm} \times 500\text{mm} \times 800\text{mm} = 200\text{L}$，水箱预留供暖循环出口、供暖循环回水口、集热循环出口、集热循环回水口、溢流口。同时，水箱顶盖设计成活动顶盖，方便检修。水箱如图 3.1-5 和图 3.1-6 所示。

图 3.1-3　集热板安装图

图 3.1-4　实验集热板外观图

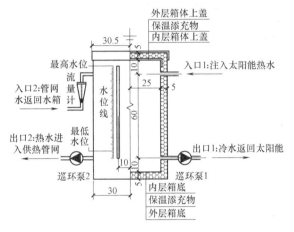

图 3.1-5　混水箱立面图

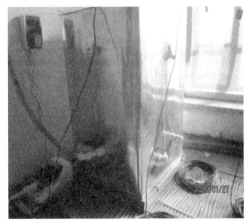

图 3.1-6　实验混水箱外观图

3.1.4　太阳能炕的搭建

1. 太阳能炕体设计

综合考虑各方面的因素，本研究选择砌筑高效预制组装架空炕。炕的尺寸 3800mm× 1800mm，炕高 650mm。炕内支柱的尺寸为 120mm×120mm×200mm，靠近出烟口砌人字形分烟墙，人字分烟墙尺寸为 420mm×160mm×60mm，内角为 150°，阻烟墙的两端距炕梢墙体 500mm，如图 3.1-7 所示。

底部支柱的尺寸为 120mm×120mm×（300~320mm），支柱的高度炕头为 300mm，炕梢为 320mm，中间支柱的高度用拉线的方法确定，如图 3.1-8 所示。

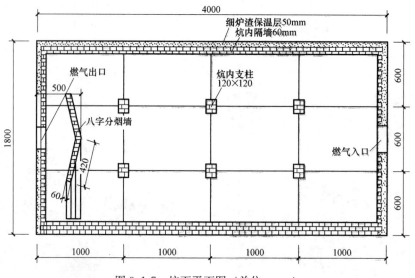

图 3.1-7 炕面平面图（单位：mm）

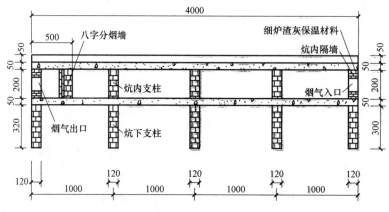

图 3.1-8 炕体内部结构（单位：mm）

2. 太阳能炕搭建

架空炕搭建参照郭继业吊炕搭建技术，并做了部分调整，顺序如下：

（1）提前 25 天预制钢筋混凝土炕板。

（2）提前一周拆除旧炕，将地面夯实，由内向外做出 3‰ 的坡度，表面用细混凝土抹光，做好养护。

（3）修砌炕下支柱，炕下支柱摆放如图 3.1-9 所示，支柱尺寸 120mm（长）×120mm（宽）×300～320mm（高），支柱的高度炕头 320mm，炕梢 300mm，中间支柱的高度用拉线的方法。

（4）安装炕体底部预制炕面板，将九块预制混凝土炕板按图 3.1-8 安装，与炕底部支柱结合良好，确保连接牢固，不松动、不晃动。

（5）砌炕墙与炕内部结构，用红砖在炕体内侧砌高度为 200mm 的炕墙。其余四侧修砌 60mm（宽）×200mm（高）炕内墙，炕内墙与围护结构留有 50mm 的间隙，间隙内填充满细炉渣灰，起保温作用。炕内修砌四个 120mm（长）×120mm（宽）×

200mm（高）炕内支柱，作安装炕面板之用。炕梢一侧修砌人字分烟墙，人字分烟墙的尺寸为420mm（长）×60mm（宽）×210mm（高），内角150°，人字分烟墙可使炕梢烟气不能直接进入烟囱内，使炕梢烟气，尤其是烟囱进口的烟气由急流变成缓流，延长了炕梢烟气的散热时间，降低了排烟温度，也排除了炕梢上下两个不热的死角。

（6）安装炕体上部炕板，安装时确保牢固，炕板无松动，整体安装完毕后用混凝土勾缝，确保无缝隙。用混凝土填充找平，上部铺设20mm的草泥灰。

（7）铺设毛细管网，填充层采用砂∶水泥∶黏土＝4∶1∶1的混合材料制成，为加快水化反应，用30℃左右的温水拌合，填充层要压实抹严，不能出现空鼓、漏气现象。为加快制作进度，填充层的抹平工作结束后，隔一段时间撒少量水泥吸收表面的水分，加快填充层表面的干燥速度。如图3.1-9和图3.1-10所示。

图 3.1-9　毛细管网安装

图 3.1-10　毛细管网

（8）填充层做好4h后，待填充层表面没有游离水分时，开始进行抹面工作。由于面层较薄，此时进行抹面工作，既保证填充层和面层分层清晰，确保实验数据准确，又使两者间具有一定的粘结力，从而提高整体强度。为提高水化反应效率，同样采用30℃左右的温水进行拌合。抹面结束后进行压光处理，使炕面平整、美观大方。如图3.1-11和图3.1-12所示。

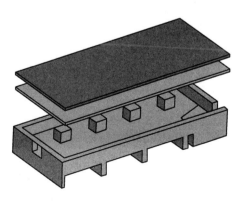

图 3.1-11　太阳能炕结构三维图

图 3.1-12　太阳能炕外观图

3.2　实验测试

3.2.1　实验仪器介绍

温度自记仪是一种自动记录放置点处温度及湿度的实验仪器，其外观如图 3.2-1 所

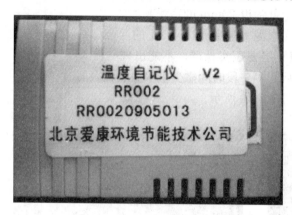

图 3.2-1　温度自记仪

示。温度自记仪内部设置温度探头采用高精度温度芯片，相对湿度探头采用数字湿度芯片，具有高精度和低漂移率，高达 200 万条数据点的超大存储量和长寿命，可更换锂电池，能够满足应用中长时间监测的要求。其具体的性能参数包括以下几点：①温度测量范围：−40～+85℃，湿度测量范围：0～100％RH；②温度测量精度：±0.5℃（−10～+85℃时），湿度测量精度：±3％RH（10％～95％RH，+25℃时）；③温度测量分辨率：

0.0625℃，湿度测量分辨率：±0.1％RH；④工作环境温度范围：−40～+85℃；⑤存储空间：2097152 条温度（或湿度）数据；⑥传感器：温度芯片，湿度芯片；⑦采集间隔时间设置范围：5s～190d。

温湿度自记仪可通过 USB 接口与电脑连接，利用其专业的软件可以完成参数设置及数据传输，方便快捷，软件操作界面如图 3.2-2 所示。

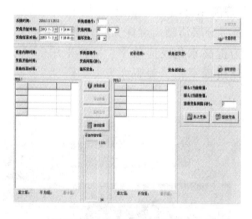

图 3.2-2　温湿度记录仪软件

图 3.2-3　64 路巡检仪系统

64 路巡检仪系统包括：64 路巡检仪模块、热电偶、热流计、电脑和鲁班软件，其外观如图 3.2-3 所示。64 路巡检仪由四个模块构成，每个模块 16 路，图 3.2-4 为其中一个模块的示意图，图 3.2-5 为 64 路巡检仪数据显示仪表。此巡检仪的测量精度为±0.2％FS ±1 字；测量范围−1999～9999 字；采样周期最小 0.5s/路。工作环境：温度 0～45℃，

相对湿度≤85％RH，供电电压 AC90～260V。本次实验采用热电偶为 PT100，测量精度为±0.5℃。

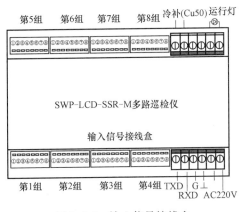

图 3.2-4　输入信号接线盒

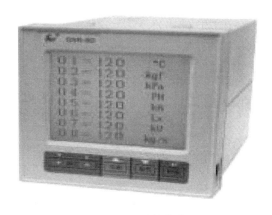

图 3.2-5　巡检仪表

鲁班组态软件采用开放的动态链接库（DLL）技术实现设备驱动，几乎能够支持所有的外部设备，并且对多线程的支持也大大地提高了系统的实时性，满足对各种现场数据采集的要求，实现了无纸记录仪的功能，能够实时记录数据的变化曲线。本次实验采用鲁班组态软件实时记录 64 路巡检仪测量的温度及热量数据。

3.2.2　实验测试方法

测试内容：太阳能炕的供暖效果是测试重点，进行两次实验，采用 64 路巡检仪系统测试传统火炕炕表面温度值、室内温度分布情况，测试太阳能炕炕表面温度值、室内房间温度分布情况、供回管逐时温度、流速等。

测点布置：参照中华人民共和国农业行业标准—民用火炕性能测试方法。炕面温度测点共 6 个，测点布置如图 3.2-6 所示。

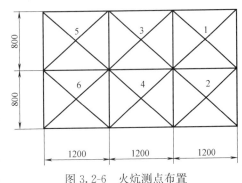

图 3.2-6　火炕测点布置

各室内温度 1.5m 处测点共布置 9 个，具体布置如图 3.2-7 所示。

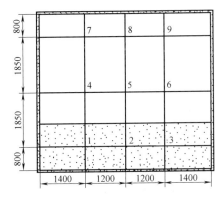

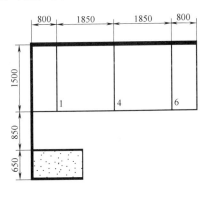

图 3.2-7　室内温度测点布置

3.2.3　实验结果分析

（1）第一次实验运行太阳能炕，运行时间早9：00～18：00，全天不燃烧薪柴，启用太阳能供热，连续实验3天，采用最后一天较稳定的情况进行分析。实验目的，检测太阳能供热运行情况、炕面温度、供回水温度，室内温度及毛细管网的换热情况。如图3.2-8所示。

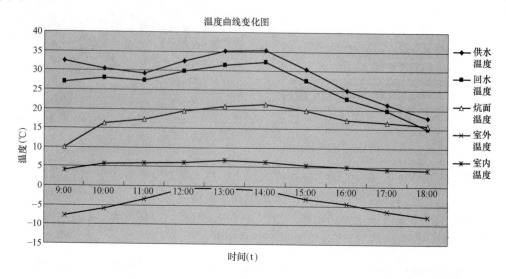

图 3.2-8　温度变化曲线图

根据图 3.2-8 分析：

1）室外温度平均－4.4℃，室内平均5.4℃，上午9点左右开始，即日出之后约2个小时，随着室外温度上升和启动太阳能炕向室内供热，温度开始上升，12：00～14：00，室内温度达到6～6.7℃，14：30以后，随着太阳能辐射减弱，室内温度开始降低。

2）供水管随着太阳辐射增强水温提高，11：00开始温度明显上升，15：00以后太阳辐射变弱，供水温度开始下降，运行期间平均温度27.9℃，回水管平均温度24.3℃。供回水温差启动阶段因为炕面温度低温差大，运行一段时间后，供回水温差稳定，水温达不到设计要求。

3）炕面温度随着太阳辐射增强，供水温度升高，炕面温度升高，13：00～14：00温度达到最高值20.4℃，15：00后随着太阳能辐射减弱，炕面温度下降，炕面16.5℃。

根据测试数据分析，只启动太阳能炕太阳能热水器供暖部分，炕面温度、室内温度都不能到达用户的舒适度。要达到用户的舒适度，室内温度需达到12.1℃，必须增加热源。增加热源方法有两种：一是增加毛细管网换热面积，配合增加集热器面积，加大太阳能热水器容量；二是增加其他热源，包括传统燃烧薪柴、电加热、暖气等。综合分析农村的现状，一天生活3次做饭，尊重传统、就地取材、造价低廉、能源综合利用的设计原则，采用第二种方法。

（2）第二次实验采用对比分析的方法，两个房间的火炕加热时间相同，薪柴的燃烧量相同，火炕每天生火3次，使用干秸秆作为燃料，每次烧火前将燃料承重，每次5kg（采用用户经验值），每次持续60min（采用当地经验值），分别为早上7：30～8：30，中午

11：30～12：30，下午 17：30～18：30。本次实验测试 3 天，采用最后一天较稳定的情况作对比分析。本文采用中华人民共和国农业行业标准《民用火炕性能试验方法》NY/T 58—2009 中提供的公式对有关炕体温度进行计算。测试结果如图 3.2-9～图 3.2-13 所示。

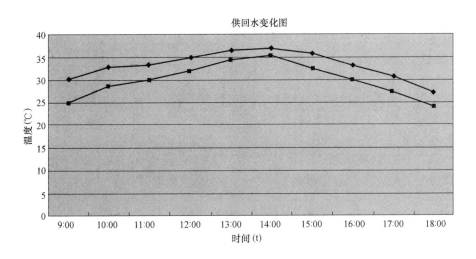

图 3.2-9　供回水温度变化曲线图

根据图 3.2-9 分析：9：00～14：00，供水温度随着太阳辐射增强而温度上升；9：00～10：00 和 12：30～10：00，两个时间段因为传统火炕加热，曲率比较大；15：00～18：00，供水温度随着太阳辐射减弱而降低。供水温度在 27～37℃，平均温度 34.2℃，回水温度 24～35℃，平均温度 29.9℃。供回水温度相对稳定，基本上符合毛细管网低温供热设计参数。

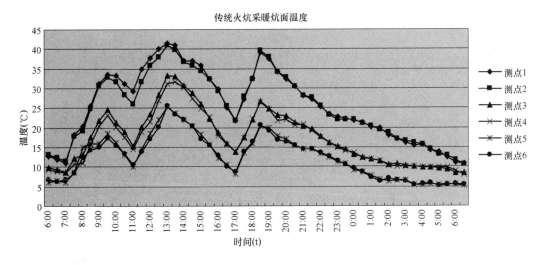

图 3.2-10　传统火炕供暖炕面温度变化曲线图

根据炕面温度图 3.2-10 分析：传统火炕供暖炕面温度波动较大，波动幅度达 35℃以上，由于 3 次生火有 3 次波动，炕面分别在生火后的 1～1.5h 后达到峰值温度。9：00～18：00 炕面平均温度 22.3℃，炕头与炕中的平均温差 $\Delta T = 9$℃，炕中与炕尾平均温差

$\Delta T=5℃$。设定炕表面舒适温度范围为 21～35℃，选取炕中部表面温度来分析，可见在每天加热期间后 4.5～4h 左右炕中处于温度舒适温度范围内，每天 21：00 以后炕中温度低于 21℃，并且在早上烧火前低于 10℃。炕面温度随时间温度变化波动大，炕头、炕中、炕尾温差相差大，需要控制炕表面温度及炕的蓄热性。

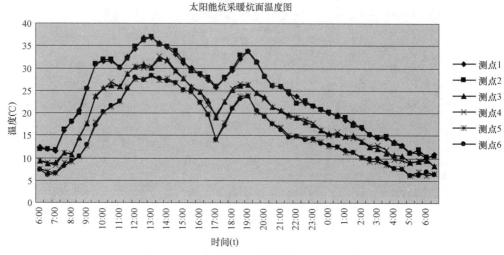

图 3.2-11　太阳能火炕供暖炕面温度变化曲线图

　　根据太阳能炕面温度图 3.2-11 分析：太阳能炕供暖炕面温度波动不大，波动幅度达 30℃以下。全天有 2 次大波动，分别在生火后的 1.5～2h 达到峰值温度。9：00～18：00 炕面平均温度 26.7℃，炕头与炕中的平均温差 $\Delta T=4℃$，炕中与炕尾平均温差 $\Delta T=3℃$。设定炕表面舒适温度范围为 21～35℃，选取炕中部表温度来分析，可见在每天加热期间后 4～4.5h 左右炕中处于温度舒适温度范围内，每天 21：30 以后炕中温度低于 21℃，并且在早上烧火前低于 10℃。太阳能炕炕面温度平均比传统火炕炕面温度高 4.4℃。

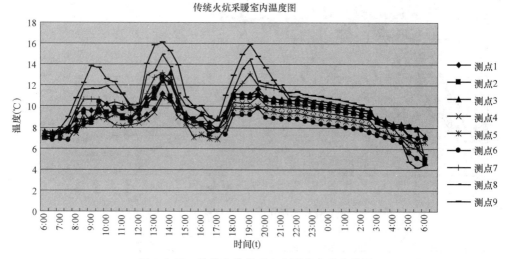

图 3.2-12　传统火炕供暖室内温度变化曲线图

　　根据传统火炕室内温度图 3.2-12 分析：测试期间室外温度−11～2℃，室内温度在炕加热时期可保持在 10℃。传统火炕供暖房间室内温度，由于 3 次生火，有 3 次波动，分别在生火后的 1.5～2h 后达到最高温度。早上 7：30～8：30 烧火，温度逐渐升高，10：00～10：30 温度达到最大值 10.0℃；随着炕面温度降低，到中午烧火前室内温度降低 1.5℃左右；11：30～12：30 烧火室内温度又开始上升，中午 13：30～14：00 达到全天最高温度 13.0℃；14：30～17：00 温度开始随着炕面温度的减低逐渐降低；17：30～18：30 烧火，温度开始升高到 11℃左右，19：30 后随着炕面温度逐渐降低，到早上生火前是全天最低温度 5.7℃。9：00～18：00 平均温度 9.0℃，不能满足舒适度要求，室内温度主要两个因素，室外温度和火炕供暖。

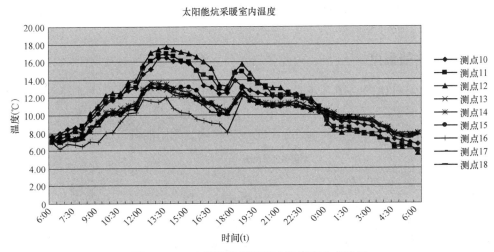

图 3.2-13　太阳能炕供暖室内温度变化曲线图

根据太阳能炕室内温度图 3.2-13 分析：太阳能热水器运行期间，室内温度保持在 12℃左右。太阳能炕供暖房间室内温度有 2 次波动，早上 7：30～8：30 烧火，温度逐渐升高；9：00 太阳能热水器运行，室内温度升高，曲率更大，到 10：30 由于火炕供暖影响减小，温度上升，曲率变小，缓慢上升；11：30～12：30 烧火炕面温度升高，太阳能热水器也随着太阳辐射增强供水温度升高，室内温度中午 13：30～14：00 达到全天最高温度 14.8℃；15：00～18：00 随着太阳辐射降低和火炕供暖影响减小，温度降 10℃左右。太阳能运行期间 9：00～18：00，室内平均温度 12.3℃。室内温度主要三个因素，室外温度、火炕供暖和太阳能供暖。

根据当地用户经验值，室内达到 12.1℃以上就满足舒适度要求，传统火炕房间室内温度一天波动 3 次，9：00～18：00 平均温度 9.0℃，不能满足用户舒适度要求。太阳能炕供暖房间室内温度一天有 2 次波动，9：00～18：00 平均温度 12.3℃，基本满足农村用户舒适度要求。太阳能热水器运行期间，太阳能炕房间比传统火炕房间室内温度提高 4.3℃。

3.3　太阳能炕的热工性能分析

3.3.1　炕面最高温度、炕面最低温度

炕面传热的角度分析，炕面温度越高向室内散发的热量越大。人体舒适度是有范围

的，白天炕面人体舒适范围 24～35℃；夜间炕面舒适范围 21～28℃。根据医学角度，人体接触温度不能超过 39℃，细胞代谢与温度成正比，当人体细胞处在 39～40℃环境中 1h，会受到一定损伤；炕面温度不能过低，参考不同地板材料舒适度供暖规定，最低温度不能低于 21℃，过低人体会感到不舒适。炕面温度过高、过低，对人体健康无益。

　　分析实验数据，9：00～18：00 期间，太阳能炕面温度没有出现过热现象；运行初期半小时内，受炕面温度和毛细管网内冷水影响，温度低于 21℃；下午太阳能辐射减弱，供水温度降低，17：00 以后会出现低于 21℃过冷问题。传统火炕中午和晚上生火后 1h 左右炕头出现过热现象；生火后的 3～4.5h 炕面温度在舒适度范围内；4.5h 后到下一次生火前炕中和炕尾出现过冷现象。

3.3.2　炕面均值温度

　　根据炕面均匀对比图（图 3.3-1），太阳能炕全天炕面温度 54% 处于舒适度范围内；传统火炕全天炕面温度 47% 处于舒适度范围内；太阳能运行期间，太阳能炕面温度 90% 处于舒适度范围内，传统火炕 75% 处于舒适度方位内。太阳能炕炕面温度舒适度高。

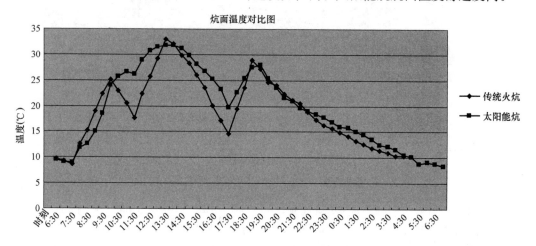

图 3.3-1　炕面均值温度对比曲线图

3.3.3　炕面温度标准差

　　人体舒适度角度要求分析，炕面温度在时间和空间上的波动应在一定的范围内。炕面温度标准差：炕面个点温度偏离炕面温度均值的平均数，用 σ 表示，能反映各测点偏离炕面温度均值的离散程度，公式为：

$$\sigma = \sqrt{\dfrac{\displaystyle\sum_{i=1}^{n} A_i (t_{i\tau} - t_{\mathrm{p}})^2}{A}}$$

(3.3-1)

式中　σ——炕面温度标准差，℃；

　　　　n——表示把炕面板分成 n 份；

　　　　$t_{i\tau}$——表示炕面各个小部分的温度均值，℃；

t_p——表示炕面 τ 时刻时均值温度，℃；

A_i——表示炕面各个小部分的面积，m^2；

A——表示火炕炕面的总面积，m^2。

炕面温度标准差 σ 值的大小能够反映炕面温度在空间分布的均匀性，越大分布越不均匀，越小分布越均匀。σ 随时间的变化曲线反映炕面温度在时间上的分布均匀性，曲线越平缓，时间上分布越均匀，越陡直，在时间上说明炕面温度均匀性越差。

根据公式计算炕面温度标准差，如图 3.3-2 所示。

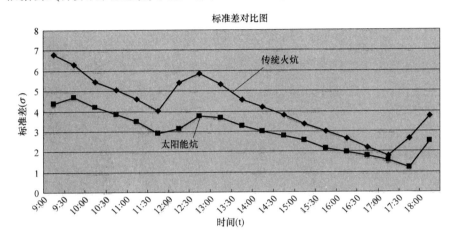

图 3.3-2　炕面温度标注差对比曲线图

图 3.3-2 是两种供暖形式下的炕面温度随时间变化曲线，由图可知，传统火炕的标准差高于太阳能火炕，说明传统火炕在空间上温度波动大；太阳炕表面标准差曲线平缓，说明太阳能在时间上温度波动小。

3.3.4　炕面升温速度

根据国家行业标准《民用火炕性能试验方法》NY/T 58—2009 中给出炕面平均升温速度公式：

$$\phi = \frac{T_{km,av}^{t_2} - T_{km,av}^{t_1}}{t_2 - t_1} \tag{3.3-2}$$

式中　t_1——升温阶段初始温度时刻，h；

t_2——炕升温阶段的结束时刻，h；

$T_{km,av}^{t_1}$——t_1 炕表面平均温度，℃；

$T_{km,av}^{t_2}$——t_2 炕表面平均温度，℃。

根据公式（3.3-2）计算传统火炕一天 3 次升温，$\phi=8.6$℃/h，太阳能炕一天 2 次升温，$\phi=5.2$℃/h。传统火炕比太阳能炕升温速度高 4.5℃/h，传统火炕升温快。

3.3.5　炕面降温速度

$$\psi = \frac{T_{km,av}^{t_2} - T_{km,av}^{t_1}}{t_3 - t_2} \tag{3.3-3}$$

式中　t_3——炕降温阶段的结束时刻，h；

　　　t_2——炕升温阶段的结束时刻，h；

$T_{km,av}^{t_1}$——t_1炕表面平均温度，℃；

$T_{km,av}^{t_2}$——t_2炕表面平均温度，℃。

　　根据公式（3.3-3）计算传统火炕一天升温 3 次，$\varphi=4.6$℃/h，太阳能炕一天降温 2 次，$\varphi=4.0$℃/h，传统火炕降温速度快 1.5℃/h。太阳能炕升温、降温速度都小于传统火炕，表明太阳能炕蓄热性优于传统火炕。

　　通过炕体热工性分析表明，太阳能炕炕面温度舒适性优于传统火炕；太阳能炕面温度空间和时间上波动都小于传统火炕；太阳能炕的升温速度和降温速度都小于传统火炕，太阳能炕蓄热性好、温差小、波动小、舒适性好。

3.4　室内热环境与热舒适度分析

3.4.1　室内热环境分析

　　目前，我国寒冷地区室内温度普遍在 5～10℃，不能满足人们日益增长热舒适度要求。随着经济的发展，人们对生活质量要求越来越高，根据天津大学对寒冷地区室内温度情况调研分析，农户在偏厚着装情况下感觉冷热适中的室内温度是 12℃。室内热环境，是提高生活质量的主要途径之一，人体在舒适条件下能充分发挥本身的工作潜能，大大提高工作效率，房间是否舒适直接影响人为活动和人的心理，因此，要改善室内热环境，提高人体热舒适性。

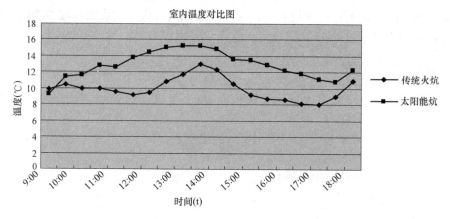

图 3.4-1　室内温度对比折线图

　　根据实验测试得：太阳能炕供暖房间最高温度 15.3℃，最低温度 9.3℃，平均温度 12.3℃；传统火炕供暖房间最高温度 13.0℃，最低温度 7.5℃，平均温度 9.0℃；太阳能炕供暖房间室内温度提高 4.3℃。如图 3.4-1 所示。

3.4.2　室内热舒适度分析

　　利用实验测定的数据为相关模拟条件，利用 Airpak 模拟分析软件对两个房间热舒适度进行模拟分析。本次模拟主要有两个目的：

（1）在房间供暖设备（火炕、太阳能炕）都在加热情况下，即热源在稳态的状态下，对两户住宅温度分布情况进行模拟，分析两栋住宅温度差异。

（2）模拟计算两栋住宅的 PMV 与 PPD，定量分析两栋住宅的热舒适性。

1. Airpak 软件介绍

Airpak 是热能 FLUENT Inc. 公司推荐的专门针对 HVAV 领域开发的一款 CFD 软件，可精确地模拟风系统的空气流动、空气品质、传热、污染和舒适度等问题。

建模快速：Airpak 是基于"object"的建模方式，提供了各式各样的模型，包括房间、人体、块、墙壁、热负荷源、排烟罩等模型，同时还提供了与 CAD 软件的接口，可以通过 IGES 和 DXF 格式导入 CAD 软件的几何。

自动的网格划分功能：Airpak 具有自动化的非结构化、结构化网格生成能力。支持四面体、六面体以及混合网格，网格疏密由用户自行控制，局部加密网格不会影响到其他对象，生成网格质量高，生成网格后具有强大的网格检查功能。

强大的结算功能：求解器 FLUENT 是全球最强大的 CFD（计算流体动力学）求解器。有限体积方法（Finite Volume Method），基本思路是将计算区域划分为网格，并使每个网格点周围有一个互不重复的控制体积，将待解微分方程（控制方程）对每一个控制体体积积分，从而得出一组离散方程，通过求解方程，得到室内各个位置的风速、温度、相对湿度、污染物浓度和空气龄等参数。

强大的可视化后置处理能力：能够生成可视化速度矢量图、温度（湿度、压力、浓度）等值面云图、粒子轨迹图、切面云图、点示踪图等。Airpak 模拟后能提供强大的数值报告，从而对房间的气流组织、热舒适性和室内空气品质（IAQ）进行全面综合评价。

2. Airpak 软件模拟分析

（1）建立实验房间模型

根据实验台建立模型，火炕发热量不均匀，这里简化处理，分炕头、炕中、炕梢三部分，根据实验数据取各部分平均散热量为模拟条件。设置两个人，取人体表面温度 28℃，电灯各 2 个，发热量为 34 W，电视 1 个，发热量取 108 W。两栋住宅模型如图 3.4-2 所示。

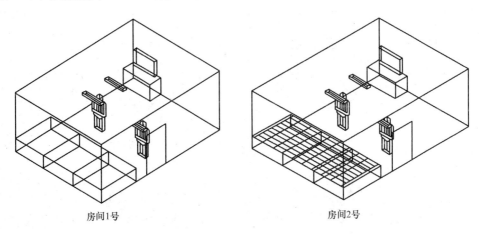

房间1号　　　　　　房间2号

图 3.4-2　房间的物理模型

（2）划分网格

Airpak 网格的划分好坏直接影响计算精度、计算效率和模拟效果。软件的网格划分通常遵循温度梯度和速度梯度小的地方用粗糙网格，温度梯度和速度梯度非常大的地方进行网格细化的原则。

本文取整个房间为计算区域，在对计算区域进行网格划分时，网格分布对于获得一个较好的数值解有很大的影响，在进行数值计算时，常常希望在物理平面上的网格划分能适应区域中物理量的变化情况，这就需要采用足够细的网格。权衡这一要求和计算耗时限制后，结合房间的实际尺寸，对 Airpak 生成的子适应网格做了如下修改：

X 轴方向的最大尺寸为 0.3；最大网格高度为 0.001。

为保证计算结果能精确地反映实际的温度分布情况，在散发模型周围划分了较周密的网格，增加其在计算区域内的网格节点数，并把其模拟的优先级别设置为最高，力求保证模拟的准确性。

Airpak 经过上述修正，计算得出的网格如图 3.4-3 和图 3.4-4 所示。

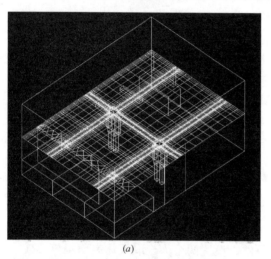
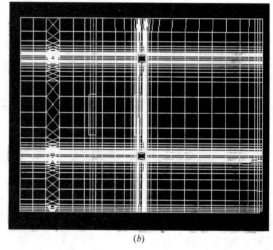

（a）　　　　　　　　　　　　　　　（b）

图 3.4-3　房间 1 号 1.5m 处的网格

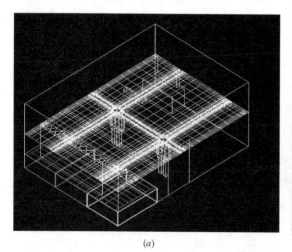
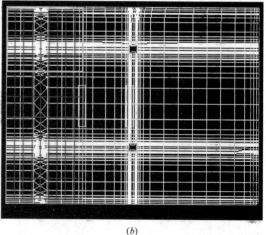

（a）　　　　　　　　　　　　　　　（b）

图 3.4-4　房间 2 号 1.5m 处的网格

（3）计算网格

1）运行求解程序之前，检查雷诺（Reynolds）和贝克来（Peclet）数值的估值来检查流体状态已模拟。雷诺数值和贝克来数值分别近似 12000 和 9000，这样气流为湍流，已经创建了湍流的模型，所以不用改变。

2）为了便于计算的收敛，经过多次模拟，最后调整松弛因子中原动力和压力，分别为 0.7 和 0.3，使计算达到收敛的目的。

3）收敛原则，对于能量方程的收敛准则一般取 1×10^{-6}；对于流动方程的收敛准则一般取 1×10^{-3}。收敛准则反映计算机模拟精算的精度。收敛标准如图 3.4-5 所示。

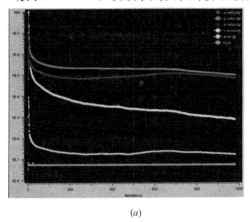 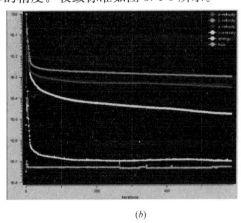

(a)   (b)

图 3.4-5　收敛图

(a) 房间 1 号收敛图；(b) 房间 2 号收敛图

经过计算，所设计的两个工况的收敛情况良好，达到了设置的收敛标准，如图 3.4-5 所示，分别为房间 1 号和房间 2 号在经过 1000 次以内迭代后计算情况都达到了设计所需要的收敛标准。

（4）模拟结果分析

1）两个房间温度分布图分析

Airpak 模拟求解后，经过后处理得到两个房间室内距地面 1.5m 的温度分布云图（图3.4-6 和图 3.4-7）。

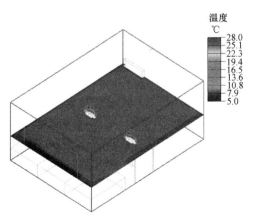 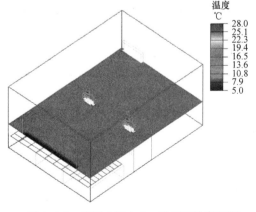

图 3.4-6　房间 1 号 1.5m 处温度分布云图　　　图 3.4-7　房间 2 号 1.5m 处温度分布云图

73

上面的两幅图为两个房间距地面 1.5m 处的温度分布云图，从图分析，四周墙体温度低，受墙面辐射影响，靠墙得到温度比较低；窗口附近，因为受到冷风渗透影响，温度偏低；炕体上部温度略高于其他部分；中间空白区域为人所在区域，温度均匀。房间 1 是模拟传统火炕供暖加热期间 1.5m 平面温度分布，温度主要集中在 8.0～10.8℃之间；房间 2 是模拟太阳能火炕供暖加热期间 1.5m 平面温度分布，主要集中在 10.8～14.6℃之间，实验数据基本相符合。

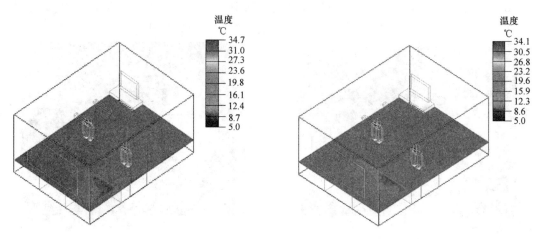

图 3.4-8　房间 1 号 0.7m 处温度分布云图　　　图 3.4-9　房间 2 号 0.7m 处温度分布云图

图 3.4-8 和图 3.4-9 所示为两栋住宅距地面 0.7m 处的温度分布云图。房间 1 号为传统火炕加热，从图中可以看出南部炕体上部温度明显高于其他部位，炕头温度分布在 31.0～34.7℃，炕中温度分布在 19.8～24.6℃，炕尾 12.4～16.1℃。温度分布云图显示住宅 1 号距地面 0.7m 处温度分布集中在 12～13℃之间。房间 2 号为太阳能炕加热，从图中可以看出南部炕体上部温度明显高于其他部位，炕头温度分布在 26.8～30.5℃，炕中温度分布在 24.2～26.8℃，炕尾 19.6～24.2℃。温度分布云图显示住宅 2 号距地面 0.7m 处温度分布集中在 15～16℃之间。

由温度分布云图分析，房间 1.5m 处表示室内的平均温度分布，太阳能炕供暖房间温度高于传统火炕供暖房间高出 3～4℃；房间 0.7m 处，炕表面上部温度受炕面温度影响大，能反映炕面温度情况，由图表明太阳能炕表面温度均匀，炕头、炕中、炕温温度波动小。模拟结果与实验数据基本符合。

2）两个房间热舒适度分析

PMV 指标是引入反映人体热平衡偏离程度的人体热负荷 TL 得出的，其理论依据是当人体处于稳态的热环境下，人体的热负荷越大，热体偏离热舒适性的状态就越远，即人体热负荷正值越大，人就觉得越热，负值越大，人就觉得越冷（表 3.4-1）。PMV 与人体热负荷之间关系的回归公式：

$$PMV = [0.303\exp(-0.036M) + 0.0275]TL \tag{3.4-1}$$

式中　M——人体能量代谢率，决定于人体活动量的大小；

　　　TL——人体热负荷，人体产热量与人体向外散出的热量之间的差值。

PMV 热感觉标尺   表 3.4-1

热感觉	热	暖	温暖	舒适	微凉	凉	冷
PMV 值	+3	+2	+1	0	-1	-2	-3

PMV 指标代表的是同一环境下绝大多数人的感觉，但人与人之间存在生理差异，因此 PMV 指标并不一定不代表所有人的感觉，为此提出 PPD 指标来表示人群对热环境不满意的百分数，利用概率分析法，给出 PMV 与 PPD 之间的定量关系：

$$PPD = 100 - 95\exp[-(0.03353PMV^4 + 0.2179PMV^2)]$$ （3.4-2）

计算 PMV 及 PPD 时对室内情况设定如下：两栋住宅人员着装为长袖内衣裤，外衣为薄毛衣加普通外衣，普通冬季穿的毛裤加普通裤子，穿长袜；人体活动为久坐办公状态。经过模拟计算得到结果见表 3.4-2。

PMV 结果对比分析   表 3.4-2

房间编号	最小值	最大值	平均值
房间 1	-2.34	1.46	-1.37
房间 2	-1.79	1.47	-0.45

由计算结果房间 PMV 平均值都在 -1.37 左右，都感觉比较凉，这也是目前农村供暖的现状，房间 2 号的 PMV 热舒适性评价指标的平均值 -0.45。从 PMV 热舒适性评价指标可以看出，房间 2 号更加舒适些。

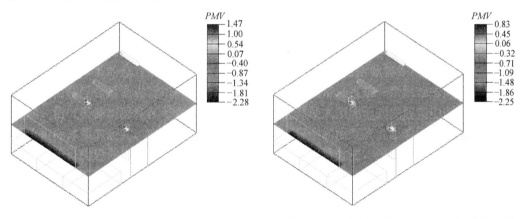

图 3.4-10 房间 1 号 1.5m 处 PMV 分布云图   图 3.4-11 房间 2 号 1.5m 处 PMV 分布云图

图 3.4-10 和图 3.4-11 所示为两栋住宅距地面 1.5m 处的 PMV 分布云图，从图分析第一房间此平面内 PMV 值主要集中在 -1.81～-1.31 之间，第二房间此平面内 PMV 值主要集中在 -0.70～-0.32 之间，此平面内第二房间的热舒适性明显优于第一房间。

PPD 结果对比分析   表 3.4-3

住宅编号	最小值	最大值	平均值
房间 1	5.00%	89.41%	44.91%
房间 2	5.00%	66.5%	10.22%

由 PPD 结果对比也可以看出房间 2 号舒适度高于房间 1 号（表 3.4-3）。

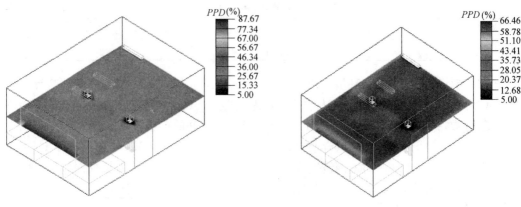

图 3.4-12　房间 1 号 1.5m 处温度分布云图　　图 3.4-13　房间 2 号 1.5m 处温度分布云图

图 3.4-12 和图 3.4-13 为两栋住宅距地面 1.5m 处的 PPD 分布云图,从图分析房间 1 号 PPD 值主要集中在 25.6%~46.3%之间,房间 2 号 PPD 值主要集中在 5%~20.4%,说明房间 2 号的热舒适性优于房间 1 号。

3.5　太阳能炕供暖系统综合评价

太阳能炕供暖系统是将传统火炕建造理念与太阳能低温地板辐射供暖技术相结合的一种新型供暖方式。它集传统火炕舒适性好的优点与太阳能低温地板辐射供暖节能环保的优点于一身,利用清洁可再生能源——太阳能和传统火炕供暖联合为室内提供热量,从而提高整个冬季的室内热舒适度。本节从太阳能系统能耗分析、节能性分析、经济性分析、二氧化碳排放量分析,综合评价太阳能炕供暖系统,验证可行性。

3.5.1　太阳能耗能计算

1. 热水在盘管内的换热量

$$Q = \mathrm{Cm}(t_\mathrm{g} - t_\mathrm{h}) = \int G\rho c \Delta\tau \mathrm{d}t/t \tag{3.5-1}$$

式中　t_g——供水温度,℃;

$\quad\quad t_\mathrm{h}$——回水温度,℃;

$\quad\quad$C——比热,J/(kg・℃);

$\quad\quad m$——质量,kg;

$\quad\quad G$——流量,m³/h;

$\quad\quad \Delta\tau$——供回水温差,℃。

根据实验数据得:$G=0.25$m³/h;$\eta=24.15\%$;$C=4200$J/(kg・℃);$\rho=1000$kg/m³。

2. 热水在毛细管网内的换热量

$$Q = \int \mathrm{Cm}(t_\mathrm{g} - t_\mathrm{h})d_t = \int G\rho c(t_\mathrm{g} - t_\mathrm{h})d_t \tag{3.5-2}$$

3. 毛细管网向室内的供热量

$$Q = \int \mathrm{Cm}(t_\mathrm{g} - t_\mathrm{h})d_t = \int G\rho c(t_\mathrm{g} - t_\mathrm{h})d_t(1-\eta) \tag{3.5-3}$$

散热损失：$\eta = 30\%$；$Q = 2135\text{kJ/h}$。

4. 室内的总的得热量

$$Q = 161493.8 - 14871.12 - 4.8 - 24446.02 = 5190.4\text{kJ/h}$$

太阳能占总能耗的比值：$a = 37\%$。

3.5.2 太阳能炕供暖系统节能分析

1. 太阳能炕供暖系统供暖期节能性分析

丹东地区一个供暖期为 151 天，供暖面积 20.14m²，每天节能 51.24MJ，太阳能炕供暖系统一个供暖期节能：

$$Q = 151 \times 51.24 = 7741.77\text{MJ}$$

（1）相对于煤：原煤的发热量为 20.934MJ/kg，即节省 369.82kg 原煤，按先行的市场价约 0.9 元/kg，效率 65% 计算，则热价 0.066 元/MJ，即年节约费用 510 元。

（2）相对于电供暖：1 度电＝3600kJ，一天节省 14.3 度电，即一个供暖期节省 2150.5 度电，按 0.6 元/kW，热效率 90%，则其热价：0.185 元/MJ，即年节能费用约 1432.22 元。

2. 太阳能炕供暖系统非供暖期节能性分析

厂家提供 250L，24 支管的太阳能热水器，日产水量 30℃，250L，供给 4～5 人生活用水。夏季每天节省能量：

$$Q = 250 \times 4.2 \times 1000 \times 30 = 31.5\text{MJ}$$

相对于电：一个供暖期节约 7717.5MJ，一天节省 8.75 度电。非供暖期 245 天，即节省 2143.75 度电。一年节约能量：15459.27MJ。

3.5.3 太阳能炕供暖系统经济性分析

本研究将太阳能炕供暖系统与标准煤作为能源的系统相比较，进行效益分析。太阳能炕供暖系统的设计使用寿命为 15 年。

1. 实现折现系数 PI

取值情况：2010 年贷款利率 d 为 5.94%，年燃料价格上涨率 $e = 1\%$，使用寿命 $n = 15$。

$$PI = \frac{1}{d-e}\left[1 - \left(\frac{1+e}{1+d}\right)^{Ne}\right] = \frac{1}{5.94\% - 1\%} \times \left[1 - \left(\frac{1+0.01}{1+5.94\%}\right)^{15}\right] = 10.35 \quad (3.5\text{-}4)$$

太阳能供暖系统的初投资见表 3.5-1。

初投资表　　　　　　　　　　　　　　　　　　　　　　表 3.5-1

名称	个数(个)/面积(m²)	价格(元)
太阳能热水器	1	3500
水泵	1	200
回水箱	1	300
毛细管网	5.58	750
合计	—	4750

如果已经有太阳能热水器，初投资见表 3.5-2。

初投资表　　　　　　　　　　　　　　表 3.5-2

名称	个数（个）/面积（m²）	价格（元）
附加管路	1	200
水泵	1	200
回水箱	1	300
毛细管网	5.58	750
合计	—	1450

2. 总节能资金 SAV

取太阳能炕供暖系统的年节能量 $\Delta Q=15459.27$MJ，标准煤价格 $CF=0.158$ 元/MJ，维修费用系数 $DJ=1\%$，则：

$$SAV = PI(\Delta Q_{save}CF - ADJ) - A \tag{3.5-5}$$
$$= 10.35 \times (15459.27 \times 0.158 - 4750 \times 0.01) - 4750 = 20038 \text{ 元}$$

即太阳能炕供暖系统在其寿命周期内总节省资金 20038 元。

3. 回收年限

本设计的回收年限为系统节省的总费用等于系统初期投资时的年数，即当 $SAV=0$ 时的经济分析年限 Ne 的值。

（1）实现折现系数 PI：

$$PI = A/(\Delta Q_{save}CF - ADJ) \tag{3.5-6}$$
$$= 4750/(15459.27 \times 0.158 - 4750 \times 0.01) = 2$$

（2）回收年限：

$$Ne = \frac{\ln[1-PI(d-e)]}{\ln\left(\frac{1+e}{1+d}\right)} = \frac{\ln[1-2(5.94\%-1\%)]}{\ln\left(\frac{1+1\%}{1+5.94\%}\right)} = 3.19 \tag{3.5-7}$$

即太阳能炕供暖系统投入使用后，3.19 年可以回收成本。

3.5.4　太阳能炕供暖系统环保效益

太阳能热水系统的环保效益体现在因节省常规能源而减少了污染物的排放，主要指标为二氧化碳的减排量。虽然在太阳能热水系统运行时，在辅助热源、水泵等处也会消耗一部分电能，但在常规供暖系统中同样也要消耗电能，因此，在太阳热水系统的环保效益分析时运行消耗电量暂不做考虑。由于不同能源的单位质量含碳量是不相同的，燃烧时生成的二氧化碳数量也各不相同。所以，目前常用的二氧化碳减排量的计算方法是先将系统寿命期内的节能量折算成标准煤质量，然后根据系统所使用的辅助能源，乘以该种能源所对应的碳排放因子，将标准煤中碳的含量折算成该种能源的含碳量后，再计算太阳能系统的二氧化碳减排量，其计算式如下：

$$Q_{CO_2} = \frac{\Delta Q_{save} \times n}{W \times Eff} \times F_{co_2} \times \frac{44}{12} \tag{3.5-8}$$

式中　Q_{CO_2}——系统寿命期内二氧化碳减排量，kg；

　　　W——标准煤热值，29.308MJ/kg；

     n——系统寿命，年；

     Eff——常规能源水加热装置效率，电加热取 $95\%\sim98\%$；44、12 为 CO_2 与 C 的分子量；

     F_{CO_2}——碳排放因子，每标准煤 0.726kg 碳/kg 标准煤，见表 3.5-3。

碳排放因子   表 3.5-3

辅助能源	煤	石油	天然气	电
碳排放因子 （kg 碳/kg 标准煤）	0.726	0.543	0.404	0.866

根据上式计算该系统减排量如下：$Q_{CO_2}=32403$kg。

3.5.5 太阳能炕推广意义

我国广大的农村地区，住宅比较分散，太阳光照充足，可充分利用太阳能资源，而且，村镇居住建筑节能是社会主义新农村建设中一个重要的问题，本研究在前人对太阳能供暖研究的基础上，充分考虑寒冷地区的气候特征、农居特点和农民生活习惯等因素，依据尊重传统、就地取材、造价低廉、热效率高、环境友好、能源综合利用的设计原则，设计了一套太阳能炕供暖系统。

太阳能炕供暖系统保留传统火炕供暖独特优势，同时克服了其存在的弊端，是一种适宜我国北方寒冷地区农居使用的供暖方式。太阳能炕供暖系统不仅只能在冬季使用，在夏季也能提供生活热水，这样将太阳能生活热水系统和供暖系统整合，大大提高系统运行效率。

若农村大面积推广使用，对利用太阳能改善寒冷地区农居冬季室内热舒适度、解决农居中的部分甚至全部供暖能耗具有重要的理论意义，对于提高人民生活水平，改善生活质量，提高住宅的热舒适性以及建设社会主义新农村都有着十分重要的意义。推广太阳能炕供暖系统，发展农村循环经济，采用新能源的新型供暖系统为我们带来的时代价值、社会效益和环保成果，更是不可低估的，市场应用前景广阔。

结合分析太阳能与毛细管网新技术的特点可以发现两者联合使用的明显技术优势：太阳能集热管只需将热水加热到 30℃ 以上，毛细管网便可有效散热，不仅太阳能集热效率上升，而且太阳能蓄热水箱及输配管路热损失也将大为减少，实现了可再生能源的高效利用。

毛细管网型太阳能辅热火炕两种供暖新模式为提高建筑室内舒适度、降低能耗和改善环境提供了一种有效的途径，在新能源利用和节能技术研究等方面有着深远的意义和价值，对于提高人民生活水平，改善生活质量，以及对提倡社会主义新农村建设都有着十分重要的意义。

3.5.6 小结

（1）根据太阳能炕供暖系统理论研究和设计方案搭建实验台，进行两次实验，第一次实验仅启动太阳能热水器系统，运行末端装置毛细管网系统。实验目的，检测只启用太阳能热水器炕面温度值、供回水温度，室内温度情况、毛细管网的换热情况及室内供暖效果。实验结果：太阳能水温不稳定，达不到毛细管网设计要求，供热不稳定；室内平均 5.4℃，炕面 16.5℃，炕面温度、室内温度不能到达用户的舒适度。综合分析仅使用太阳能供暖，达不到供暖要求，必须增加辅助热源，即与传统火炕联合供暖，太阳能炕供暖系统全部运行。

（2）第二次实验采用对比分析的方法，两个房间的火炕加热时间相同，薪柴的燃烧量相同，火炕每天生火 3 次。实验目的，通过测试得太阳能炕供暖时供回水温度情况、炕面温度分布以及室内温度分布情况等，了解太阳能的运行情况。测试结果为深入研究太阳能炕供暖系统性能提供数据支撑。实验结果：一是传统火炕供暖房间采用当地经验值供暖，室内平均温度 9.0℃，不能满足舒适度的要求；二是太阳能炕供暖房间室内温度平均温度 12.3℃，温度提高 4.3℃，基本满足用户室内热舒适度要求。太阳能供暖系统供水温度在 27～37℃，平均温度 34.2℃，回水温度 24～35℃，平均温度 29.9℃。供回水温度相对稳定，基本上符合毛细管网低温供热设计要求。太阳能炕炕面平均温度提高 4.4℃。

（3）分析炕面最高温度、最低温度、均值温度得出：太阳能运行期间，太阳能炕面温度 90% 处于舒适度范围内；传统火炕 75% 处于舒适度方位内；太阳能炕炕面温度舒适度高。分析炕面温度标准差得出：传统火炕的标准差高于太阳能火炕，说明传统火炕在空间上温度波动大；太阳能炕表面标准差曲线平缓，说明太阳能在时间上温度波动小。分析炕面升温速度、降温速度得出：传统火炕比太阳能炕升温速度高 4.5℃/h；传统火炕降温速度快 1.5℃/h；太阳能炕升温、降温速度都小于传统火炕，表明太阳能炕蓄热性优于传统火炕。分析室内温度得出：太阳能炕供暖房间平均温度 12.3℃；传统火炕供暖房间平均温度 9.0℃；太阳能炕供暖房间室内温度提高 4.3℃。根据实验数据建立模拟模型，对比分析得出：模拟结果与实测值基本吻合，为改善室内的热环境和热舒适性提供了方法，传统火炕房间 PMV 平均值都在 -1.02 左右，都感觉比较凉，太阳能房间 PMV 平均值 -0.55；传统火炕房间 PPD 平均值都在 30.38%，太阳能房间 PPD 平均值 14.34%。从 PMV、PPD 热舒适性评价指标可以看出，太阳能房间舒适些。

（4）以实验系统为例介绍了太阳能供暖系统的节能性、经济性及环保效益的分析方法，给出了系统年节能量、寿命期内回收费用、二氧化碳排减量等计算方法。太阳能一个供暖期节约能量 7741.77MJ，一个非供暖期 15459.27MJ；3.17 年收回成本，太阳能炕供暖系统在其寿命周期内总节省资金 20038 元，具有可行性；推广太阳能炕供暖系统，发展农村循环经济，对于提高人民生活水平，改善生活质量，提高住宅的热舒适性以及建设社会主义新农村都有着十分重要的意义，并且市场应用前景广阔。

第4章　太阳能干式发酵集中制沼技术

4.1　热平衡及传热学模型

采用传热学的方法，研究太阳能干式发酵沼气系统的热工性能，从而计算沼气产量。图 4.1-1 所示，为太阳能干式发酵沼气系统的几何模型。日光温室内的传热过程由以下几个过程组合而成：（1）太阳辐射由采光薄膜进入温室内部，经辐射和对流换热传给室内各表面；（2）温室内空气经围护结构与外界热量交换；（3）发酵罐与空气进行热量交换。

白天，从日出到日落，进入温室内的太阳辐射是温室热量的主要来源，温室支出的热量主要包括通过覆盖材料和围护结构的对流换热、通风排热、土壤地中传热以及发酵罐的储热。夜间，在没有太阳辐射的状态下，温室中的热量主要来自于地面、山墙、后墙及发酵罐的有效辐射及其与室内空气的对流换热，夜间外界气温较低，通过前面覆盖物及温室围护结构散失的热量也随之增大。其中透过前面覆盖物的热损失占总热量损失的 70%。

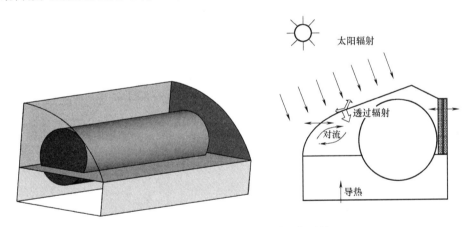

图 4.1-1　太阳能干式发酵沼气系统

4.1.1　采光面太阳辐射量

将温室采光曲面简化为如图 4.1-2 所示斜面，不同的倾角斜面太阳辐射能获取量不同。一般气象台站提供的是水平面上的太阳辐射资料，需要经过较为复杂的计算确定倾斜面上的太阳辐射量。斜面上太阳辐射量的计算普遍采用的是 Klein 的计算方法。

斜面上太阳辐射量 $H_{t(\theta)}$ 计算式如下：

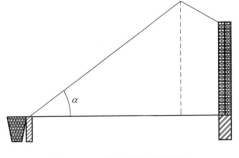

图 4.1-2　温室等效采光面

透明薄膜上的太阳辐射量 H_t

斜面上太阳辐射量 $H_{t(\theta)}$ 计算式如下式（4.1-1）：

$$H_{t(\theta)} = H \cdot R \tag{4.1-1}$$

式中 H——水平面上总辐射量，W/m^2；

R——倾斜面上和水平面上总辐射量比值，按下式（4.1-2）计算：

$$R = \frac{H_b}{H} \cdot R_b + \frac{H_d}{H} \cdot \frac{(1+\cos\alpha)}{2} + \frac{\rho(1-\cos\alpha)}{2} \tag{4.1-2}$$

式中 H_b——水平面直接辐射月平均日总量，$J/(m^2 \cdot d)$；

H_d——水平面散射辐射月平均日总量，$J/(m^2 \cdot d)$；

ρ——地面反射系数，一般取 $\rho = 0.2$；

α——屋面角即南向斜坡面与水平面的夹角；

R_b——倾斜面上和水平面上太阳直接辐射量的比值，按下式（4.1-3）计算：

$$R_b = \frac{\cos(\varphi-\alpha)\cos\delta\sin\omega_0 + \frac{\pi}{180}\omega_0\sin(\varphi-\alpha)\sin\delta}{\cos\varphi\cos\delta\sin\omega_0 + \frac{\pi}{180}\omega_0\sin\varphi\sin\delta} \tag{4.1-3}$$

式中 φ——本地纬度角；

δ——太阳赤纬角；

ω_0——南向倾斜面上日出和日落时角，其值可由下式（4.1-4）计算：

$$\omega_0 = \cos^{-1}[-\tan(\varphi-\theta)\tan\delta] \tag{4.1-4}$$

赤纬角 δ：地球中心和太阳中心的连线与地球赤道平面的夹角。全年赤纬角在 $+23.45° \sim -23.45°$ 之间变化，可用以下简化公式（4.1-5）计算：

$$\delta = 23.45 \times \sin\left(360 \times \frac{284+n}{365}\right) \tag{4.1-5}$$

式中 n——计算日在一年中的日期序号。

则温室收集太阳辐射能量 Q_r：

$$Q_r = H_{t(\theta)} \times F_r \times \tau_g \tag{4.1-6}$$

式中 $H_{t(\theta)}$——采光面上日辐射量，W/m^2；

F_r——采光面的实际采光面积；

τ_g——采光面的透光率。该温室采光面为单层 PVC 膜厚 0.12mm，对可见光和红外线平均透光率为 0.876，双层膜为 0.76。考虑到实际使用老化等因素，取 $\tau_g = 0.7$。

以徐州为例，纬度角 $\varphi = 34.28°$，屋面角 $\alpha = 32°$，水平面直射辐射与散射辐射月平均值见下表 4.1-1，由上述公式求得各月 R 值。

徐州地区各月倾斜面与水平面总辐射量比值　　　　　　　　　表 4.1-1

月份	水平面散射辐射强度 $H_d[MJ/(m^2/d)]$	水平面直射辐射强度 $H_b[MJ/(m^2/d)]$	倾斜面与水平面总辐射量比值 R
1	5.45	1.63	1.18
2	6.84	3.31	1.16
3	8.03	3.59	1.04
4	8.67	6.83	0.99

月份	水平面散射辐射强度 $H_d[MJ/(m^2/d)]$	水平面直射辐射强度 $H_b[MJ/(m^2/d)]$	倾斜面与水平面总辐射量比值 R
5	6.57	10.51	0.93
6	9.56	6.98	0.91
7	10.55	4.75	0.92
8	10.48	4.26	0.95
9	8.01	5.36	1.04
10	6.13	4.16	1.16
11	4.32	3.87	1.39
12	4.12	2.19	1.36

4.1.2 非透明围护结构太阳辐射量

为计算方便，将太阳辐射考虑到墙体的传热中，采用综合温度法计算。将太阳对维护结构的短波辐射考虑进来。

工程上把室外空气温度与太阳辐射对围护结构的共同热作用，用一个假想的温度来衡量，这个温度称为室外空气综合温度。相当于室外气温由原来的 t_{air} 增加了一个太阳辐射的等效温度值，即当量的室外温度，并非实际的室外空气温度。其表达式为：

$$T_z = T_{air} + \frac{aI}{\alpha_{out}} - \frac{Q_{lw}}{\alpha_{out}} \qquad (4.1-7)$$

式中　a——围护结构外表面对太阳辐射的吸收率，几种常见材料的吸收率见表 4.1-2；

　　　I——太阳辐射照度，W/m^2；

　　α_{out}——维护结构外表面的对流换热系数，$W/(m^2 \cdot ℃)$。

几种材料的围护结构外表面对太阳辐射的吸收率　　　　表 4.1-2

材料类别	颜色	吸收率 a	材料类别	颜色	吸收率 a
石棉水泥板	浅	0.72~0.87	红砖墙	红	0.7~0.77
拉毛水泥面墙	米黄	0.65	混凝土砌块	灰	0.65
外粉刷	浅	0.4	油毛毡屋面	—	0.86

我国常用的围护结构内表面总换热系数在冬季建筑物附近风速为 3m/s 时测得，冬季为 $8.72W/(m^2 \cdot K)$，夏季 $8.75W/(m^2 \cdot K)$；适用于低层建筑物外表面的总换热系数冬季为 $23.3W/(m^2 \cdot K)$，夏季为 $18.6W/(m^2 \cdot K)$。

上式不仅考虑了来自太阳对围护结构的短波辐射，而且反映了围护结构外表面与天空和周围物体之间的长波辐射。有时，这部分长波辐射可以忽略，上式可以简化为：

$$T_z = T_{air} + \frac{aI}{\alpha_{out}} \qquad (4.1-8)$$

夜间没有太阳辐射的作用，天空的背景温度远远低于空气温度，因此建筑物向天空的辐射放热量是不可以忽略的，尤其在建筑物与天空之间的角系数比较大的情况下。式中的长波辐射也被称为夜间辐射或有效辐射。

如果仅考虑对天空的大气长波辐射和对地面的长波辐射，则有：

$$Q_{lw} = \sigma\varepsilon_w \left[(\chi_{sky} + \chi_g\varepsilon_g) T^4_{wall} - \chi_{sky} T^4_{sky} - \chi_g\varepsilon_g T^4_g \right] \tag{4.1-9}$$

由于环境表面的长波辐射取决于角系数，即与环境表面的形状、距离和角度都有关，很难求得，往往采用经验值。有一种方法是对于垂直表面近似取 $Q_{lw}=0$，对于水平面取 $(Q_{lw}/\alpha_{out})=3.5 \sim 4.0\,℃$。前提是认为垂直表面与外界长波辐射换热之差值很小，可以忽略不计。

4.1.3　温室围护结构传热量

温室与外界环境传热量包括外墙、后坡、采光面及土壤的传热量。

室内空气与地面换热量 Q_d，$\quad Q_d = K_d F_d (T_a - T_d)$，W $\qquad$ (4.1-10)

室内空气经后坡对外换热量 Q_h，$\quad Q_h = K_h F_h (T_a - T_z)$，W $\qquad$ (4.1-11)

室内空气经各外墙与室外换热量 Q_{wi}，$\quad Q_{wi} = \alpha K_{wi} F_{wi} (T_a - T_{zi})$，W $\qquad$ (4.1-12)

室内空气经过薄膜与室外换热量 Q_m，$\quad Q_m = K_m F_m (T_a - T)$，W $\qquad$ (4.1-13)

式中　K_d——地面传热系数，W/(m²·K)；

$\qquad F_d$——地面面积，m²；

$\qquad T_a$——温室内空气温度，℃；

$\qquad T_d$——地面温度，℃；

$\qquad K_h$——后坡传热系数，W/(m²·K)；

$\qquad F_h$——后坡面积，m²；

$\qquad T_z$——室外水平面综合温度，℃；

$\qquad \alpha$——温差修正系数；

$\qquad K_{wi}$——墙体传热系数，W/(m²·K)；

$\qquad F_{wi}$——墙体面积，m²；

$\qquad T_{zi}$——室外综合温度，℃；

$\qquad i$——方位，1~4，分别代表东、西、南、北；

$\qquad K_m$——薄膜传热系数，W/(m²·K)；

$\qquad F_m$——薄膜面积，m²；

$\qquad T$——室外空气温度，℃；

式中，墙体、后坡等匀质多层平壁的单位面积传热系数 K 值计算公式见式 (4.1-14)：

$$K = \frac{1}{\dfrac{1}{\alpha_1} + \sum_{i=1}^{m} \dfrac{\delta_i}{\lambda_i} + \dfrac{1}{\alpha_2}} \tag{4.1-14}$$

式中　K——平壁单位面积综合传热系数，W/(m²·K)；

$\qquad \alpha_1$——内表面对流换热系数；

$\qquad \alpha_2$——外表面对流换热系数；

$\qquad \delta_i$——第 i 层材料的厚度；

$\qquad \lambda_i$——第 i 层材料的导热系数，W/(m·K)。

室内地面的传热系数随着距离外墙的远近而有变化，但在离外墙约 8m 以上的地面，传热量基本不变。在工程上一般采用近似方法计算，把地面外墙平行的方向分成四个计算地带，如图 4.1-3 所示。

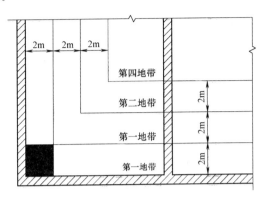

图 4.1-3 地面传热地带的划分

贴土非保温地面的传热系数及热阻值见表 4.1-3，其中第一地带靠近墙角的地面面积（图中阴影部分）计算两次。

非保温地面的传热系数和热阻表 4.1-3

地带	$R_0[(m^2 \cdot ℃)/W]$	$K_0[W/(m^2 \cdot ℃)]$
第一地带	2.15	0.47
第二地带	4.30	0.23
第三地带	8.60	0.12
第四地带	14.2	0.07

4.1.4 温室内空气与发酵罐换热量

沼气发酵罐物理模型如图 4.1-4 所示，发酵罐近似为圆柱体，其大部分外表面裸露于温室内空气中，其下一小部分同基础一起埋于土壤中。发酵罐材料为钢板，为充分利用太阳能资源，发酵罐外壁面涂有黑色太阳能选择性吸收涂料，吸收率为 95%。

温室内空气与发酵罐换热量包含三个部分，分别为罐体侧壁面换热及左右两顶面换热。

室内空气与发酵罐体换热量 Q_1，$Q_1 = KF(T_a - T_1)$，W
(4.1-15)

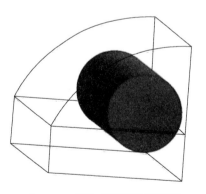

图 4.1-4 沼气发酵罐物理模型

式中 $KF = k_1 F_1 + 2k_2 F_2$，F_1 为侧壁面面积，F_2 为平面面积；

T_1——发酵料液温度，℃。

长圆筒壁的单位面积传热系数 k_1 计算公式如下式（4.1-16）：

$$k_1 = \frac{1}{\dfrac{d_2}{\alpha_1 d_1} + \dfrac{1}{2\lambda}\ln\dfrac{d_2}{d_1} + \dfrac{1}{\alpha_2}}$$
(4.1-16)

式中 K——单位管长综合传热系数，W/(m·K)；

α_1——内表面对流换热系数；

α_2——外表面对流换热系数；

d_1——管内直径，m；

d_2——管外直径，m；

λ——管壁材料的导热系数，W/(m·K)。

当环境流体的速度较小时，自然对流换热占主导，环境流体对管外壁的对流换热系数可近似按下式计算：

$$\alpha = 4, V_{f,a} \leqslant 0.50 \tag{4.1-17}$$

4.1.5 热平衡方程组

1. 温室内空气动态热平衡方程

由于温室内部的传热过程较为复杂，本研究将内部传热做简化处理。为方便导出热平衡方程，作如下假设：（1）温室内部的空气密度、压力、比热容、水蒸气含量变化范围小，视为定值；（2）参与传热的地面、墙体、薄膜看作各向同性，且等同于灰体；（3）由于太阳辐射的强度远远大于长波辐射，忽略白天各维护结构外表面对天空和周围物体的长波辐射换热；（4）由于日光温室平时较为密闭，忽略通风渗透的影响；（5）假设土壤物性参数恒定；（6）温室墙体、土壤蓄热能力小，忽略墙体、土壤蓄热。因此，热平衡及传热模型适用于无通风温室。

温室内空气动态热平衡方程：

$$\rho_a V_a C_a \frac{dT_a}{d\tau} = r_r \dot{Q}_r + \dot{Q}_d + \dot{Q}_h + \sum_{i=1}^{3} \dot{Q}_{wi} + \dot{Q}_m + \dot{Q}_l \tag{4.1-18}$$

式中 ρ_a——室内空气密度，kg/m³；

V_a——室内空气的总体积，m³；

C_a——室内空气比热容，J/(kg·K)；

$\dfrac{dT_a}{d\tau}$——室内温度随时间变化率；

τ——时间，s；

r_r——温室内空气吸收太阳辐射比例。

将以上各式联立，得到：

$$\rho_a V_a C_a \frac{dT_a}{d\tau} = r_r H_{t(\theta)} R F_r \tau_g - K_d F_d (T_a - T_d) - K_h F_h (T_a - T_{zh})$$
$$- \sum K_{wi} F_{wi} (T_a - T_{zi}) - K_m F_m (T_a - T_{zm}) - K F (T_a - T_l) \tag{4.1-19}$$

2. 发酵料液热动态平衡方程

由于发酵罐半埋地，属于流—管—土耦合传热，较为复杂，目前对于半埋管道散热偶有文献提及，采用线性插值模型并不精准。发酵罐向土壤的散热远远小于向空气的散热，为简化计算，忽略发酵罐向土壤的传热。

为简化热平衡方程，本研究将发酵罐内部传热做以下简化处理：（1）将沼气池内部料液当作水处理，密度、压力、比热容视为定值，温度均匀一致；（2）忽略各围护结构内表面与发酵罐外表面长波辐射换热；（3）连续进料及出料；（4）忽略发酵罐向土壤传热；（5）忽略罐体蓄热；（6）忽略产生的沼气带走的热量；（7）忽略生物发酵产热。

相较于发酵料液温度，进料温度较低，本书假设进料温度恒定为 10℃，因此，加热进料需要消耗一部分热量。故而发酵罐的太阳辐射得热 $(1-r_r)Q_r$ 及与温室内空气换热量 $\dot{Q}_l$ 主要用于加热进料料液，根据料液动态热平衡

$$\rho_l V_l C_l \frac{dT_l}{d\tau} + \rho_l V_j C_l (T_l - T_j) = (1-r_r)Q_r + \dot{Q}_l$$

即

$$\rho_l V_l C_l \frac{dT_l}{d\tau} + \rho_l V_l C_l (T_l - T_j) = (1-r_r)H_{t(\theta)}RF_r\tau_g + KF(T_a - T_l) \qquad (4.1\text{-}20)$$

式中　ρ_l——水密度，kg/m³；

V_l——发酵料液体积，m³；

C_l——水比热容，J/(kg·K)；

V_j——进料体积，m³/h；

T_j——进料温度，℃。

将两式联立求解，气象参数取自中国建筑热环境分析专用气象数据集典型气象年逐时气象数据，时间 τ 取为 3600s，设置温室内气温及发酵料液温度初始值即可求得全年 8760h 的温室内气温及发酵料液温度。

4.2　沼气技术

沼气作为能源利用已有很长的历史。我国的沼气最初主要为农村户用沼气池，20 世纪 70 年代初，为解决沼气综合利用的秸秆焚烧和燃料供应不足的问题，我国政府在农村推广沼气事业，沼气池产生的沼气用于农村家庭的炊事，逐渐发展到照明和取暖。目前，户用沼气在我国农村仍在广泛使用。我国的大中型沼气工程始于 1936 年，此后，大中型废水工程、养殖业污水工程、村镇生物质废弃物工程、城市垃圾沼气工程的建立拓宽了沼气的生产和使用范围。随着我国经济发展及人民生活水平的提高，工业、农业、养殖业快速发展，大废弃物发酵沼气工程仍将是我国可再生能源利用和环保的切实有效方法。

沼气是可再生的清洁能源，既可替代秸秆、薪柴等传统生物质能源，又可替代煤炭等商品能源，而且能源效率明显高于秸秆、薪柴、煤炭等。农村地区利用沼气作为生活用能具有如下重要意义：

（1）沼气不仅能解决农村能源问题，而且能增加有机肥料资源，提高质量和增加肥效，从而提高农作物产量，改良土壤。

（2）使用沼气，能大量节省秸秆、干草等有机物，以便用来生产牲畜饲料和作为造纸原料、手工业原材料。

（3）兴办沼气可以减少乱砍树木和乱铲草皮的现象，保护植被，使农业生产系统逐步向良性循环发展。

（4）兴办沼气，有利于净化环境和减少疾病的发生。这是因为在沼气池发酵处理过程中，人畜粪便中的病菌大量死亡，使环境卫生条件得到改善。

（5）用沼气煮饭照明，既节约家庭经济开支，又节约家庭主妇的劳作时间，降低劳动强度。

（6）使用沼肥，提高农产品质量和品质，增加经济收入，降低农业污染，为无公害农产品生产奠定基础。常用的物质循环利用型生态系统主要有种植业—养殖业—沼气工程三结合、养殖业—渔业—种植业三结合及养殖业—渔业—林业三结合的生态工程等类型。其中种植业—养殖业—沼气工程三结合的物质循环利用型生态工程应用最为普遍，效果最好。

1. 户用沼气

农村户用沼气池生产的沼气主要用来做生活燃料。修建一个容积为 $10m^3$ 的沼气池，每天投入相当于 4 头猪的粪便发酵原料，它所产的沼气就能解决一家 3～4 口人点灯、做饭的燃料问题。

要使沼气池正常启动，首先，要选择好投料的时间，然后准备好配比合适的发酵原料，入池后原料搅拌要均匀，水封盖板要密封严密。一般沼气池投料后第 2 天，便可观察到气压表上升，表明沼气池已有气体产生。最初，要将产生的气体放掉（直至气压表降至零），待气压表再次上升时，在灶具上点火，如果能点燃，表明沼气池已经正常启动。如果还不能点燃，照上述方法再重试一次，还不行，则要检查沼气的料液是否酸化或其他原因。经检查沼气池的密封性能符合要求即可投料。沼气池投料时，先应按要求根据发酵液浓度计算出水量，向池内注入定量的清水，将准备的原料先倒一半，搅拌均匀，再倒一半接种物与原料混合均匀，照此方法，将原料和菌种在池内充分搅拌均匀，将沼气池密封。农村沼气发酵的适宜温度为 15～25℃，因而，在投料时宜选取气温较高的时候进行，北方宜在 3 月份准备原料，4～5 月份投料，等到 7～8 月份温度升高后，有利于沼气发酵的完全进行，充分利用原料。

沼气发酵是厌氧发酵，发酵工艺要求沼气池必须严格密封，水压式沼气池池内压强远大于池外大气压强。密封性不好的沼气池不但会漏气，而且会使水压式沼气池的水压功能丧失殆尽，所以必须做好沼气池的密封。

由于沼气成分与一般燃气存在较大差异，故应选用沼气专用灶具，以获得最高的利用效率。沼气管路及其阀门管件的质量好坏直接关系到沼气的高效输送和人身安全，因此，其质量及施工验收必须符合国家相关标准规范。

在沼气发酵过程中，温度是影响沼气发酵速度的关键，当发酵温度在 8℃ 以下时，仅能产生微量的沼气，所以冬季到来之前，户用沼气池应采取保温增温措施，以保证正常产气。通常户用沼气池有以下几种保温增温措施：

（1）覆膜保温。在冬季到来之前，在沼气池上面加盖一层塑料薄膜，覆盖面积是池体占地面积的 1.2～1.5 倍。还可以在池体上面建塑料小拱棚，吸收太阳能增温。

（2）堆物保温。在冬季到来之前，在沼气池和池盖上面，堆集或堆沤热性作物秸秆（稻草、糜草等）和热性粪便（马、驴、羊粪等），堆沤的粪便要加湿覆膜，这样既有利于沼气池保温，又强化堆沤，为明年及时装料创造了条件。

（3）建太阳能暖圈。在沼气池顶部建一猪舍（牛、羊舍），一角处建一厕所，前墙高 1.0m，后墙高 1.8～2.0m，侧墙形成弧形状，一般建筑面积 16～20m²，冬季上覆塑料薄膜，形成太阳能暖圈，一方面促进猪牛羊生长，另一方面有利于沼气池的安全越冬。

沼气工程工艺流程和沼气池、沼气管道系统及灶具示意图，如图 4.2-1 和图 4.2-2 所示。

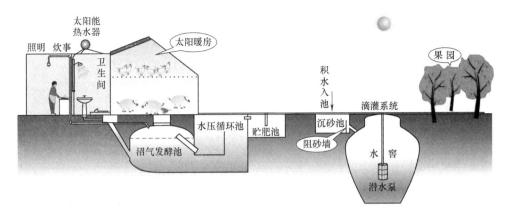

图 4.2-1 沼气工程工艺流程示意图

图 4.2-2 沼气池、沼气管道系统和灶具

2. 规模化集中沼气

我国的规模化沼气工程一般采用中温发酵技术，即维持沼气池内温度在 30～35℃ 之间。因此，为了减少沼气池体的热损失，应做好沼气池体的保温措施，我国各地区气候条件差异较大，不同地区沼气池的围护结构传热系数上限值也应不同，具体可参考现行行业标准《严寒和寒冷地区居住建筑节能设计标准》JGJ 26—2010 中第 4.2.2 条的

相关规定。为维持沼气池的中温发酵要求，除保温外，还需配备一套加热系统，应根据规模化沼气工程的特点，选取高效节能的加热方式，如利用沼气发电的冷热电三联供系统的余热、热泵加热和太阳能集热等加热方式，降低沼气设施本身的能耗和提高能源利用效率。

4.3　太阳能干式发酵集中制沼系统

4.3.1　太阳能集中制沼系统流程

秸秆太阳能沼气循环利用技术是把大中型沼气技术、日光温室技术和产业化种植技术有机结合，以农作物秸秆为原料，以保证全年高效产气为前提，以提高秸秆沼气工程的经济、能源、环保和社会效益为目的一种新型秸秆沼气集中供气新技术。目前已在徐州地区运行使用近 4 年，效果良好。与传统的沼气项目不同，太阳能沼气池使用了高效的太阳能吸热、加热技术，能够全年高效均衡产生沼气，满足居民全年使用。实现秸秆、畜禽粪便与太阳能的综合利用，其流程如图 4.3-1 所示：秸秆粉碎、预处理、日光温室保温、太阳能沼气池增温、生产沼气、供应居民用气、沼液种植葡萄、秸秆沼渣种植白色双胞蘑菇。

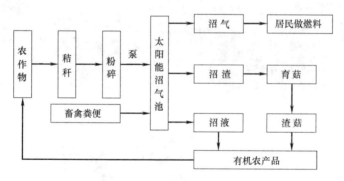

图 4.3-1　秸秆太阳能综合利用流程图

图 4.3-2 所示为日光温室与太阳能沼气池罐体物理外形示意图。太阳能沼气池为卧式钢制罐体，直径 5~6m。太阳能发酵罐的结构除罐体外主要还包括支座、入料口、出料口、人孔、搅拌器等，支座及小部分罐体埋于土壤中，进料及出料均有泵进行泵入泵出。

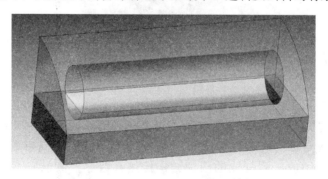

图 4.3-2　日光温室与发酵罐物理外形

4.3.2 主要应用技术分析

1. 卧式秸秆太阳能沼气池建造技术

太阳能沼气池采用的是拼装卧式生产技术，和目前推广的拼装立式秸秆沼气池建造技术相比，技术要求更高、施工难度更大。

（1）结构设计。发酵罐设计为圆筒状，横置、强度大、不易损坏。结构设计满足强度要求，并按照最不利组合设计钢板的厚度、螺孔的大小及数控加工技术。

（2）施工工艺。秸秆太阳能沼气池的施工将卧式焊接工艺和卧式拼装工艺相结合，收到了较好的效果。

（3）太阳能吸热和保温技术。在沼气池罐体上喷涂黑色太阳能选择性涂料，吸热能力强，实现利用太阳能为沼气池增温的目的；另一方面采用日光温室为沼气池增温、保温，两项技术结合使用解决沼气池因冬季温度低不能很好产气的难题。

2. 推广使用农户用气智能管理技术

在每个农户家中安装智能型沼气流量表，沼气用户使用农作物秸秆换气或者用现金购气预存在 IC 卡上，插入智能型沼气流量表中，即可用气，待卡上预存的气用完后，需要继续充值才能使用，既免去了逐户查表收费的工作量，又避免了用户恶意欠费的现象。

4.4 太阳能干式发酵集中制沼气候适应性评价指标体系研究

4.4.1 指标筛选和权重确定方法分析与选择

在指标体系的建立中，指标筛选和指标权重的确定是指标体系构建最重要的两个环节，如何科学合理地进行指标的筛选和指标权重的确定一直是一个困难的问题，根据城市气候、沼气资源情况和区域划分，可在此基础上开展太阳能干式发酵集中制沼气候适应性评价指标体系的研究。本节主要介绍太阳能干式集中制沼气产气影响因素，筛选主要气候影响因子，构建评价指标体系层次结构，确定指标权重方法，最终形成评价模型并进行检验，对示范工程的适应性进行评价。

1. 指标筛选方法的分析与选择

太阳能干式发酵集中制沼气候适应性评价指标体系建立按照过程分为：指标框架的建立、指标体系的初选和指标的优选。

准确合理的综合评价需要科学合理的评价指标体系，如果评级指标体系不合理，那么也很难做出正确的评价，因此在综合评价中构造科学合理的评价指标体系至关重要。在构建指标体系时，初选指标更多考虑的是指标的全面性，初选指标尽量多的选取指标，这样就会导致指标过多，造成冗余和指标重复，因此在指标体系优化过程中主要是进行指标的删减，去除冗余。

现在常用的指标初选的方法有：文献法、理论挖掘法、专家打分法等。其中文献法也叫频度分析法，是将与研究内容相关的论文、期刊、国家发布的指标体系等中的指标进行统计，按照指标出现的次数进行排序，根据次数来决定指标的选取。理论挖掘法是根据研究内容的内涵、定义、目标来建立指标体系，常见的如和谐社会建设评价指标体系，通过分析和谐的内涵："民主、法制、和谐、公正"等方面特点建立指标体系。而专家法是把要选择的指标建立比较矩阵，让专家给出每个指标的得分来评价指标的重要程度，进而初选出指标。

这三种方法均有其优劣势。频度分析法是根据现有的文章相关内容按照指标出现的次数来选取指标，较为客观且指标比较全面，但是由于不同的指标体系有其特殊性，特别是针对现在没有的或减少有参考文献的指标体系，这个方法建立指标不能完全符合要求。理论分析法通过理论概念来进行指标分析选择比较符合指标体系选择指标的要求，但是理论分析法常常会导致指标不全面。专家打分法由于是人为的设置指标重要程度，导致建立的指标不客观，主观性较强。

综合上面的分析采用频度分析与理论分析相结合的办法来初选指标，这样建立的指标不仅全面、合理，同时符合指标体系内涵。然后结合调研的情况，对建立的初选指标进行修正，这样更符合实际情况。

2. 权重确定方法的分析与选择

权重是对某个要素在总体中的相对重要性作出评价。本书在太阳能干式发酵集中制沼气候适应性评价指标体系构建中，指标众多，但不同的指标对总体评价的影响不同，它的权重也就不同。合理的确定权重是综合评价的基础，它直接影响到评价的准确性。

目前常用的定权方法有：主观赋权的方法如德尔菲法、层次分析法（AHP 法）；客观赋权的方法如相关系数法、熵权法、标准离差法、主成分分析法等；主客观结合的赋权方法。

德尔菲法和层次分析法过于主观而不结合实际数据的意见很难使人信服。相关系数法等统计方法均是基于统计分析得出权重的，主观性较小，但是需要大量的数据，对数据要求较高，在我国村镇许多指标数据难于获取或不能够很精确的情况下，这样的要求无法满足，过大的数据收集量也是对研究工作的阻碍，同时有时利用统计软件产生的结果无法进行有效的解释。

3. 太阳能干式集中制沼气产气影响因素

沼气的制取主要受厌氧环境密闭程度、酸碱度、发酵浓度、碳氮比以及发酵温度的影响。太阳能沼气池使用了高效的太阳能吸热、加热技术，目的是使沼气系统能够全年高效均衡产生沼气，满足居民全年使用，随之而来的是在引入了太阳能后，也就引入了太阳辐射量这一影响因素。以上因素可以认为是决定了某个沼气池的单位池容产气能力的因素，而对于一个地区来说，其所蕴含的能够用来产生沼气的秸秆或人畜粪便的资源总量也是影响地区产气总量的一大因素。

如果要评判一个地区太阳能干式集中制沼气适合与否，以上因素都应当尝试考虑，但应着重考虑其中具有更高影响性的元素，尽量实现输入几个重点因素后即可快速获取或者评判该地点的沼气产气适应性程度，从而为决策者或者业主在工程决策初期提供有效的参考。

4.4.2　评价指标的选取

1. 气候指标

（1）温度

沼气发酵过程是一个物质代谢和能量转换的过程，温度是影响沼气产气率的重要外因条件，温度适宜则发酵繁殖旺盛、活力强，生成甲烷的速度快、产气多。在原料构成相同情况下，沼气的生产能力取决于发酵温度。温度越高，沼气原料的产气率越高。温度不适宜，沼气细菌生长发育慢，产气少或不产气，从这个意义上讲，温度是产气好坏的关键。沼气发酵的温度范围广，在 10～60℃ 范围内，沼气均能正常发酵产气，低于 10℃ 或高于 60℃ 都严重抑制微生物生存、繁殖，影响产气。在这一温度范围内，温度高低不同产气速率不同，温度越高，微生物活动越旺盛，有机物产气率越高，而所需要的产气时间越短（表 4.4-1）。国内外许多学者曾系统地研究了温度对发酵产生沼气量影响，研究结果表明，升高温度可以促进产气，但它们不是线性关系。概括地讲，产气的一个高峰在 35℃ 左右，另一个更高的高峰在 54℃ 左右，前者属于中温发酵，后者属于高温发酵。沼气发酵按发酵温度划分可分为常温（变温）发酵型、中温（35℃）发酵型和高温（54℃）发酵型，农村户用沼气发酵属于常温发酵，因此在气温较高的地区，生物质的产气率相对较高，农民可以获得更加稳定、充足的沼气供应，沼气更容易被农民接受和使用，沼气发展情况较好。

温度对沼气产气速度的影响　　　　　　　　　　表 4.4-1

沼气发酵温度（℃）	沼气发酵时间（d）	有机物产气率（L·kg^{-1}）
10	90	450
15	60	530
20	45	610
25	30	710
30	27	760

以长三角农村地区应用为例。通过《江苏统计年鉴 2014》、《浙江统计年鉴 2014》、《安徽统计年鉴 2014》和《上海统计年鉴 2014》查得各地区月平均温度和年平均温度分别见表 4.4-2～表 4.4-5。

2013 年江苏主要城市月平均气温（℃）　　　　　　表 4.4-2

城市	1月	2月	3月	4月	5月	6月	7月	8月	9月	10月	11月	12月	年平均气温
南京市	3.0	5.5	10.8	16.0	21.7	24.3	30.5	30.8	23.6	18.4	12.1	4.7	16.8
无锡市	3.6	6.0	11.1	15.9	21.8	24.5	32.2	31.1	24.4	18.9	12.7	5.6	17.3
徐州市	0.1	3.5	10.1	15.0	21.5	25.7	29.7	30.0	22.6	17.2	9.0	2.4	15.6
常州市	3.3	5.7	10.8	15.8	21.7	24.4	31.6	31.3	24.3	18.6	12.3	5.2	17.1
苏州市	4.2	6.4	11.2	16.0	21.8	24.6	32.3	31.5	25.2	19.7	13.7	6.3	17.7
南通市	2.9	5.0	9.5	14.1	20.2	23.1	31.2	29.9	23.5	18.1	11.8	4.7	16.2
连云港市	0.0	2.6	7.8	12.5	18.6	23.2	28.6	28.3	21.7	16.2	9.5	2.5	14.3
淮安市	0.8	3.6	8.8	13.8	20.0	24.1	29.1	29.1	21.8	16.1	9.6	2.2	14.9
盐城市	1.1	3.6	8.5	13.4	19.6	23.0	30.2	29.7	23.0	17.5	10.9	3.6	15.3
扬州市	2.7	5.0	10.5	15.2	21.1	24.1	31.0	31.2	23.8	18.0	11.5	4.2	16.6
镇江市	3.1	5.5	10.6	15.7	21.6	24.3	30.5	31.2	24.1	18.4	12.0	4.9	16.8
泰州市	2.1	4.6	9.4	14.2	20.4	23.7	30.6	30.2	23.3	17.9	11.2	3.9	16.0
宿迁市	0.6	3.5	9.3	14.7	20.5	24.5	29.4	29.4	22.3	17.0	10.1	2.8	15.3

2013 年浙江主要城市月平均气温（℃） 表 4.4-3

城市	1月	2月	3月	4月	5月	6月	7月	8月	9月	10月	11月	12月	年平均气温
杭州	4.5	7.0	12.3	16.9	23.0	24.8	32.3	31.3	25.0	19.3	13.6	6.3	18.0
宁波	4.8	7.8	12.1	16.4	22.2	24.9	31.2	30.7	25.5	19.9	13.8	6.6	18.0
温州	8.2	10.2	13.8	17.1	22.3	26.0	29.7	30.0	26.5	21.9	15.8	9.7	19.3
嘉兴	3.9	6.4	11.0	15.6	21.4	24.1	31.4	30.7	24.6	19.2	13.0	5.5	17.2
湖州	3.6	6.3	11.2	16.3	22.2	24.6	31.8	31.2	24.7	18.7	12.5	4.9	17.3
绍兴	4.5	7.3	12.4	17.2	23.5	25.3	32.8	31.9	25.6	20.0	14.4	6.9	18.5
金华	5.6	8.6	13.1	17.3	24.1	25.8	32.0	31.2	25.8	19.9	14.4	6.9	18.7
衢州	5.3	8.5	12.7	16.6	23.5	25.8	31.1	30.8	25.3	19.5	13.7	6.2	18.3
舟山	5.4	7.5	10.8	14.8	20.3	23.7	28.6	29.0	25.2	20.5	14.2	7.6	17.3
丽水	6.6	10.6	14.4	17.4	24.1	26.3	31.1	30.7	26.0	20.0	14.2	7.4	19.1
临海	5.8	9.0	12.7	16.2	22.1	25.5	30.1	29.7	25.0	19.9	13.6	7.1	18.1

2013 年安徽主要城市平均气温（℃） 表 4.4-4

城市	1月	2月	3月	4月	5月	6月	7月	8月	9月	10月	11月	12月	年平均气温
合肥市	2.8	5.9	11.9	17.0	22.5	25.3	30.2	31.1	23.6	18.3	11.4	3.6	17.0
淮北市	0.7	4.2	10.6	15.9	22.1	26.4	30.1	30.2	23.1	17.8	9.9	3.2	16.2
亳州市	0.3	4.0	10.7	15.8	21.8	26.5	30.2	29.5	22.7	17.2	9.3	3.0	15.9
宿州市	1.0	4.5	10.4	15.5	21.7	26.2	30.3	29.9	23.1	17.9	10.0	3.0	16.1
蚌埠市	1.4	4.5	10.1	15.4	21.3	25.0	29.6	29.6	22.4	17.1	10.2	2.7	15.8
阜阳市	1.3	4.6	10.8	15.4	22.0	26.2	29.5	29.1	22.1	16.9	9.5	2.6	15.8
淮南市	2.9	5.5	11.8	17.0	22.9	26.0	30.7	31.3	23.7	18.9	12.0	4.9	17.3
滁州市	2.0	5.0	10.7	15.8	21.4	24.4	29.4	30.1	22.9	16.9	10.6	3.2	16.0
六安市	3.0	5.2	12.3	17.1	22.1	25.1	30.3	30.8	23.0	18.1	11.8	4.9	17.0
马鞍山市	3.6	5.7	11.4	16.6	22.0	24.2	30.4	30.9	23.4	18.7	12.6	5.2	17.1
芜湖市	3.5	6.4	11.8	17.0	22.4	25.0	31.3	31.7	24.0	18.7	12.3	4.7	17.4
宣城市	3.3	6.3	11.8	16.3	22.1	24.5	30.3	30.7	23.7	18.0	11.6	3.8	16.8
铜陵市	3.8	6.8	12.7	17.6	23.0	25.6	31.2	31.6	24.0	18.8	12.5	5.0	17.7
池州市	3.7	6.5	12.3	16.7	22.5	25.3	30.2	30.7	23.8	18.4	12.2	5.0	17.3
安庆市	3.7	6.4	12.1	16.6	22.1	25.1	29.6	30.7	23.6	18.6	12.3	5.0	17.1
黄山市	4.2	8.1	12.7	16.3	22.8	24.9	30.1	30.0	24.4	18.5	12.5	4.3	17.4

2013 年上海月平均温度（℃） 表 4.4-5

城市	1月	2月	3月	4月	5月	6月	7月	8月	9月	10月	11月	12月	年平均气温
上海市	4.6	6.8	11.0	15.3	21.3	24.1	32.0	31.0	25.0	20.0	13.4	6.1	17.6

根据各地区逐月平均温度，得到江苏、浙江、安徽和上海地区 1~12 月平均温度分布图和年平均温度分布图，如图 4.4-1～图 4.4-13 所示。

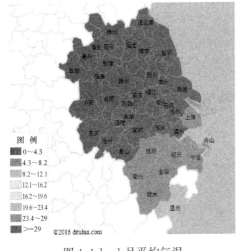

图 4.4-1 1 月平均气温

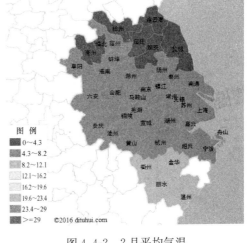

图 4.4-2 2 月平均气温

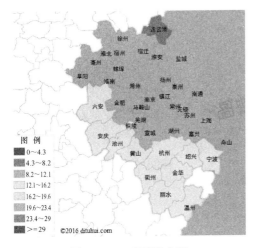

图 4.4-3 3 月平均气温

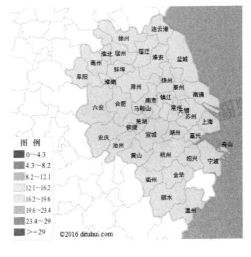

图 4.4-4 4 月平均气温

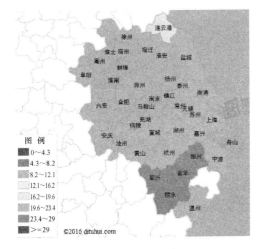

图 4.4-5 5 月平均气温

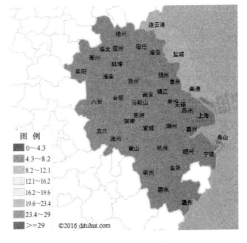

图 4.4-6 6 月平均气温

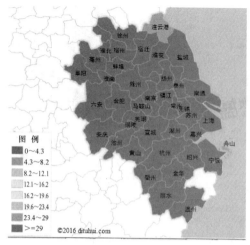

图 4.4-7　7 月平均气温

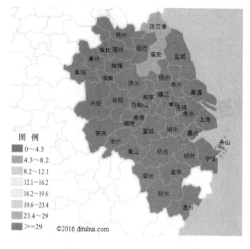

图 4.4-8　8 月平均气温

图 4.4-9　9 月平均气温

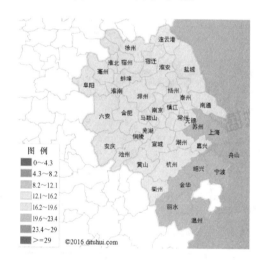

图 4.4-10　10 月平均气温

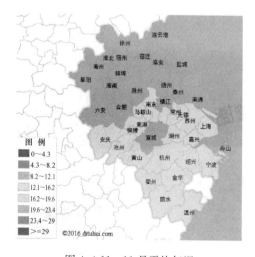

图 4.4-11　11 月平均气温

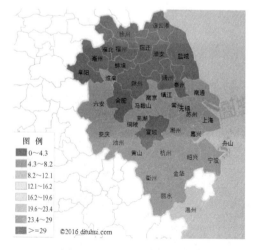

图 4.4-12　12 月平均气温

（2）太阳能

中国太阳能资源丰富，陆地表面每年接受的太阳能约为 $5.02×10^{22}$ J，相当于 1.7 万亿 t 标准煤。我国具有太阳能利用有利条件的地区约占全国总面积的 2/3 以上，分布也呈现很强的地域性。全国各地太阳总辐射量平均为 140kcal/cm² 年，最低只有 80kcal/cm² 年，最高可达 200kcal/cm² 年。全年日照时数也不同，在西北和西藏高原，可达 3300～3800hr，而在多云的四川、贵州，只有 1000～1400hr。在温度达不到沼气生产需要但太阳能资源丰富的地区，只要能采取适宜的增温和保温措施，沼气池也能够安全越冬并正常产气。例

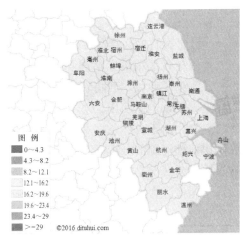

图 4.4-13　年平均气温

如，将沼气池建于日光温室或太阳能畜禽舍内，由于温室效应的作用，作物栽培区在白天蓄集的太阳辐射能可持续地向畜禽区供应，即便在寒冷的冬季畜禽棚内不需供暖也可维持所需要的温度。同时，在夜晚到清晨的低温时期，由于畜禽自身释放的可感热，不断地向作物栽培区供应，以利作物的生长发育，使温室作物不至于发生冻害。在冬季最冷月份，温室和暖圈内夜间气温也在 4℃ 以上，沼气池内发酵料液的温度在 12～15℃。

本书主要是针对长三角地区，下表 4.4-6 给出了长三角几个观测点年太阳辐射强度。

长三角几个城市年辐射总强度　　　　　　　　　　表 4.4-6

城市	上海	南京	杭州	徐州	合肥
年辐射总强度（MJ/m²）	4571.74	4529.59	4267.74	4300.00	4498.69

2. 资源指标

要使沼气系统正常发挥其功效，除了具备适宜的温度这一先决条件以外，发酵原料的可获得性也是一个重要的因素。原料是提供沼气发酵微生物正常生命活动所需的营养和能量，是不断生产沼气的物质基础。农业剩余物秸秆，家畜家禽的粪便，工农业生产的有机废水废物，还有水生植物都可以作为沼气发酵的原料。农村户用沼气发酵的原料主要是人畜粪便和农作物秸秆，因此本书中的资源只考虑农作物秸秆及人畜粪便。人畜粪便和农作物秸秆对沼气具有正向影响，在其他因素不变的条件下，人畜粪便和农作物秸秆量越多，沼气原料越充足，长三角地区发展沼气的愿望就越强烈。

（1）农作物秸秆

农作物秸秆是作物生产中的副产品，含有丰富的有机物、氮、磷、钾、微量元素等，是一种可供开发与综合利用的生物质资源。我国是一个农业生产大国，秸秆资源非常丰富，目前仅重要的农作物秸秆就有近 20 种，每年可产生约 5 亿～6 亿 t 秸秆。据统计，2005 年我国粮食产量达到 4.80 亿 t，其中稻谷产量 18058.8 万 t，小麦产量 9744.5 万 t，玉米产量 13936.5 万 t，豆类 2157.7 万 t，薯类产量 3468.5 万 t，棉花产量 571.4 万 t，油料、麻类、甘蔗、甜菜等其他农作物产量也十分客观，由此产生的农作物秸秆资源量大、

面广，用主要农作物粮食产量和各自秸秆产量的比值，计算得出 2005 年我国主要农作物秸秆总量为 66140.2 万 t。其中稻草、玉米秸、麦秆的发生量最多，超过了 70%（表4.4-7）。目前我们对这些资源的开发利用程度不够，大部分秸秆在田间、地头或场院被烧掉，或者农户直接用于生活燃料，或将秸秆弃置不用乱堆乱放，这些做法不仅浪费了资源，而且污染了环境。若将农作物秸秆作为发酵原料生产沼气，对已建沼气池的农户，即使不再搞养殖，也能使用；对不从事养殖的农户，也能建设沼气，这无疑拓展了农村沼气发展的空间。由于自然条件和各地区的气候条件不相同，土地生产力水平的差异，中国主要农作物秸秆资源的分布表现了一定的地域性：中南、华东地区是主要农作物秸秆资源最丰富的地区，其次是华北、东北地区，西南、西北地区则资源较少。总的来说，中国秸秆资源以中原地区为多，向东北、东南辐射区丰富，西部地区则相对贫乏。

2005 年我国主要农作物产量及秸秆总量

表 4.4-7

主要农作物	产量10⁴t	谷草比	秸秆量10⁴t
稻谷	18058.8	1∶00.6	11250.63
小麦	9744.5	1∶01.4	13310.99
玉米	13936.5	1∶02.0	27873
豆类	2157.7	1∶01.5	3236.55
薯类	3468.5	1∶00.5	1734.25
棉花	571.4	1∶03.0	1714.2
油料	3077.1	1∶02.0	6154.2
甘蔗	8663.8	1∶00.1	866.38
总计			66140.2

（2）人畜粪便

1）畜禽粪便排放量

中国畜牧业生产自"菜篮子工程"实施以来，得到了快速发展，养殖规模发生巨大的增长。畜禽粪便含有大量的营养成分，如粗蛋白质、脂肪、无氮浸出物、Ca、P、维生素，是沼气发酵的理想原料。我国猪、牛、羊等主要牲畜的存栏量和出栏量基本上保持5%~10%的增长率。数据表明，2005 年，我国牛、马、驴、骡、猪、羊、鸡，年末存栏量分别为 14157.5 万头、740 万头、777.2 万头、478.0 万头、116432 万头、37265.9 万头和 762156 万头。以体重 500kg 的牛，平均每天每头排泄粪 34kg、尿 34kg，年产牛粪量为 12410kg、牛尿 12410kg；体重 500kg 的马，平均每天每匹排泄粪 10kg、尿 15kg，年产马粪量为 3650kg、马尿 5475kg；体重 50kg 的猪，平均每天每头排泄粪 6kg、尿 15kg，年产猪粪量为 2190kg、猪尿 5475kg；体重 15kg 的羊，平均每天每只排放粪 1.5kg、尿 2kg，年产羊粪量为 548kg、羊尿 730kg；体重 1.5kg 的鸡，平均每天每只排泄粪 0.1kg、年产鸡粪 36.5kg 为参考值，通过计算得出 2005 年我国畜禽粪便排放量为 50525.98 万 t，其中，牛、马、驴、骡、猪、羊、鸡的粪便排放量分别为 180.96 万 t、2822.55 万 t、3130.35 万 t、1823.21 万 t、267735.38 万 t、20965.79 和 27818.7 万 t（表 4.4-8）。值得注意的是，畜禽粪便的含水量较大，在计算过程中需要折算为原料 TS20% 的粪便量。

2005 年我国主要牲畜数量及粪便排放量　　　　　表 4.4-8

主要牲畜种类	数量	排粪量（万 t）	排尿量（万 t）	禽畜粪便产生总量（万 t）
牛（万头）	14157.5	175694.6	175694.6	180961
马（万匹）	740	2701	4051.5	2822.55
驴（万头）	777.2	2995.56	4493.33	3130.35
骡（万头）	478	1744.7	2617.05	1823.21
猪（万头）	116432	254986.1	637465.2	267735.4
羊（万只）	37265.9	20421.71	27204.11	20965.79
鸡（万只）	762156	27818.7	0	27818.7
总计				50525.98

2）农村人粪尿排放量

2005 年，我国农村人口 94907 万人，以体重为 50kg 的人，每天排泄粪 0.5kg、尿 1kg，即每年每人排粪量 182.5kg、尿量 365kg 为参照值，计算得出 2005 年我国农村人口年粪便排放为 18000 万 t。

由此可见，2005 年我国人畜粪便排放量共计 68525.98 万 t，数量十分巨大。若不及时处理，会导致恶臭气体污染、有害病原微生物污染、抗菌素污染、氮磷污染、重金属污染等环境问题。采用以厌氧发酵为核心的能源环保工程，是畜禽粪便能源化利用的主要途径，它不但提供清洁能源（沼气），解决中国广大农村燃料短缺，还能消除臭气、杀死致病菌和致病虫卵，解决农村畜禽粪便污染问题。

由上一节的思路，需对影响沼气产气的主要因子进行筛选。由于本研究着重开展气候适应性研究，应更多关注气候因素对沼气产量的影响。上文所提到的厌氧环境密闭程度、酸碱度、发酵浓度及碳氮比都是人为可控因素，只要沼气池建设恰当，人工维护合理，保证沼气池良好的密闭性，控制酸碱度、发酵浓度及碳氮比在研究确定的高效产气范围即可。

而发酵温度已在本书构建干式发酵产气模型时进行了计算，单位池容产气量也直接与发酵温度有关，所以发酵温度是确定产气量的关键因素，其计算公式中存在两个重要室外环境气候参数，即太阳辐射量和室外平均温度，可以较容易的判定此即为主要的气候影响因子。

4.4.3 评价指标体系及评价模型构建

1. 指标选择原则

对太阳能干式发酵集中制沼气气候适应性评价是一个复杂的系统工程，建立合适的评价指标是开展研究的前提和基础。建立科学客观的评价指标体系才能保证产生正确且有参考性的评价结果。因此，建立太阳能干式发酵集中制沼气气候适应性评价指标体系应遵循下列原则：

（1）客观性原则

评价的最终目的是为了得出一个评价结果，为决策建议或解决方案提供参考。因此，须保证评价指标符合正确、科学、客观的特征。沼气气候适应性评价指标选取，要结合实际，调查哪些是影响区域适应性的因素。重点考察这些因素的数据来源是否客观可靠，指标覆盖面是否全面合理等。在选取沼气气候适应性评价的指标时还可观察构建的数学物理方程中的变量，方程本身即是一种天然事物之间关系的体现，可尝试分析变量对最终结果的影响。同时，还需要参考及结合以往研究保障指标的客观性。

（2）系统化原则

太阳能干式发酵集中制沼气气候适应性评价体系涉及范围广、相关要素多且关系复杂。各个区域的气候情况、原材料丰贫程度等都会对该评价体系产生影响，因此选择指标时应保证指标之间相互补充，相互协调，使得指标体系能够达到总体满意，使之成为一个有机整体，系统内各因子之间相互制约、相互联系。

（3）简单性原则

指标选取的数据要尽可能的选用数据来源可靠、来源于现有的资料等。若数据来源不可靠，评价结果将不能令人信服，评价体系的建立也就失去了意义；若数据非来源于现有资料，而需要进行大量的实验或问卷调查获取，则用于分析的人力、时间成本巨大，不利于对指标体系的分析。因此，指标选取应尽量保证数据简单、易获得，能够直接从相关文献统计资料或者统计局网站或有关部门直接获取为最佳。

（4）可操作原则

可操作原则是要保证各个指标满足可比性和可行性。可比性主要指评价的内容含义确切，各城市便于比较，能够在对比中判断优劣。可行性主要是指指标的设置要符合整个评价体系的特征和功能需求。在各指标的确定上，不能脱离实际而确定一些无法达到的指标。

（5）定性结合定量原则

在对沼气适应性评价时，还应遵循定性分析与定量分析相结合的原则，一方面需要结合实际数据进行定量计算，并根据将定性的指标体系根据一定的方法，得出定量的权值计算等。最终的指标评价要以定量为主，才能得出客观合理的区域适应性评价结果，便于判断采用。

2. 指标体系构建

一个完整的评价指标体系，应当包含多个层次和多方面影响因素。建立一套较科学完整的、操作性强的评价指标体系非常重要。太阳能干式发酵集中制沼区域适宜性评价指标体系涉及范围较广，它所涉及的各个领域的指标不是一个个孤立地存在，而是作为一个有机整体而发挥着其重要作用的，它能够根据研究对象和研究目的，综合反映出研究对象的各方面情况。指标体系合理与否对于评价结果的准确性具有重要意义。根据我国农村沼气建设现状和特点，在遵循以上评价指标选取的相关原则及参照前人研究成果的基础上，经过系统的分析和筛选，选择了具有典型代表意义的重要性评价指标作为分析对象，最后形成了太阳能干式发酵集中制沼区域适宜性评价指标体系。该指标体系由目标层、准则层和指标层三个层级构成。其中，目标层即指标评价的总目标——技术气候适用性（A）；准则层为需要考察的因素分类，包括气候适应性（B1）、资源环境适应性（B2）；指标层为准则层的细化。

通过分析，本评价指标体系中气候指标层次下的因素即是上一节所确定的太阳辐射量和室外平均温度。农作物产量和人畜粪便量可作为资源指标层次下的因素。因此，本研究所构建的评价指标体系如图 4.4-14 所示。

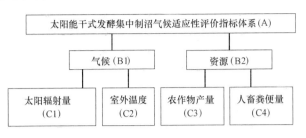

图 4.4-14 评价指标体系

3. 各指标描述及计算公式

（1）C1：年平均气温指多年温度的平均值，一般所说的年平均气温含有多年的意义。

（2）C2：年平均日照时数，指每天从日出到日落之间太阳直接照射到地面上的实际时间，以小时为单位。日照时数的多少除受昼夜长短的制约外，还受云雾、阴雨等天气条件和地面遮蔽情况等的影响。

（3）C3：主要农作物产量一般指一定地区内主要农作物的总产量，单位为 t、万 t 等。

（4）C4：涉及乡村人口数和牲畜年末存栏数。

乡村人口数：指乡村户数中的常住人口数，包括常住人口中外出的民工、工厂合同工及户口在家的在外学生，但不包括户口在家领取工资的国家职工。乡村人口统计主要依据公安部门的户籍统计。

牲畜年末存栏数：一般指一定地区内牲畜存活的总头数，单位为头、只等。

4. 评价模型构建

通过文献阅读可知，目前开展的大量沼气适应性评价都运用了层次分析法来处理灰箱模型，将原本内部关系复杂、模糊不清、非直接数学物理关联的事物通过某种数学方法进行关联，求取不同底层因素对顶层目标的贡献程度权重。但是本研究中所确定的因素为客观可量化指标，通过专家调研打分反而不一定能够反映变量间联系，故本评价模型最终指标层与目标层的关系可通过额外信息的补充来获知，故此研究中通过逐层分析得到各指标权重。

（1）气候因素权重确定

气候影响因素下有太阳辐射量及室外温度两个指标，而这两个指标都存在于单位池容产气量的计算式当中，由于在由发酵温度到沼气单位池容产量转化时采用了一个拟合曲线，故太阳辐射量与室外温度、单位池容产气量非简单线性关系，但是对于权重确定的情况，可应用数学工具直接采用多元多项式拟合的方法评估两者影响因素的大小。

此处应用徐州的计算结果作为拟合原始数据，分别将太阳辐射量设定为自变量 x_1，室外温度设定为 x_2，单位池容产气量为 y，且每个量分别需要进行归一化处理，否则其量纲将对拟合结果造成不利影响。由于上述量都为正向指标，故借用熵值归一化方法处理原始数据，如式（4.4-1）所示：

$$x_i' = \frac{x_i}{x_{max}} \tag{4.4-1}$$

选用一次二元多项式拟合后得到如图 4.4-15 所示图像和拟合式。

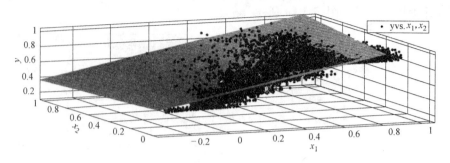

图 4.4-15　单位产气多元多项式拟合图像

$$y = 0.6398 - 0.08762x_1 + 0.4919x_2 \qquad (4.4\text{-}2)$$

式（4.4-2）中的 R-square（拟合优度）为 0.7458，不算理想，但是两个自变量系数对于确定两者对气候影响的权重已具有一定参考价值。将上式中 x_1 及 x_2 系数归一化处理，即为其影响权重，见表 4.4-9。

气候指标权重分配　　　　　　　　　　　　　表 4.4-9

指标	层次内权重
太阳辐射量	0.15
室外温度	0.85

（2）资源因素权重确定

对于资源因素权重，同样可以观察前文所述沼气产量的计算公式，农作物产量和人畜粪便产量都有对应各自的产气因子，显然产气因子越高，对应元素对沼气产量的贡献越为明显，可以此为参考确定影响权重。不同作物及动物排泄物的产气因子见表 4.4-10。

各种原料产气因子　　　　　　　　　　　　表 4.4-10

原料种类	理论产气量(m^3/kg)		原料种类	理论产气量(m^3/kg)	
	沼气	甲烷		沼气	甲烷
玉米秆	0.5984	0.3109	猪粪	0.5146	0.2145
麦草	0.5426	0.2756	牛粪	0.3813	0.2062
稻草	0.5291	0.2781	鸡粪	0.5047	0.2645

由表 4.4-11 可以看出农作物资源的理论产气量高于人畜粪便资源，也更加容易搜集，原料供给更为稳定，但是据查，其重量不及粪便量，所以再参考目前众多沼气适应性评价中关于这两部分的层次分析结果，见表 4.4-11，本研究将其权重指标确定为 0.47，人畜粪便类资源权重定为 0.53。

农作物与人畜粪便类权重　　　　　　　　　　表 4.4-11

文献来源	农作物权重	人畜粪便权重
福建省沼气综合利用技术选择及适用性评价	0.52	0.48
新型户用沼气区域适应性评价——以江苏省为例	0.5	0.5

续表

文献来源	农作物权重	人畜粪便权重
基于农户调查的黄河流域农村 户用沼气适宜性评价研究	0.35	0.65
我国农村户用沼气工程的区域适宜性评价	0.5	0.5
平均	0.47	0.53

（3）气候与资源权重确定

前面的分析已经确定了气候与资源层次下的权重分配关系，而气候与资源层次本身的权重还需确定。由于该层次的概念较为宏观，很多沼气相关区域适应性评价中都有这两部分权重的信息，故在此依然采用文献调研的方法确定其权重。将调研得到的权重列表，见表 4.4-12。

气候与资源权重调研统计　　　　　　　　　　　　　表 4.4-12

文献来源	气候类权重	资源类权重
新型户用沼气区域适应性评价——以江苏省为例	0.55	0.45
基于农户调查的黄河流域农村户用沼气适宜性评价研究	0.83	0.17
我国农村户用沼气工程的区域适宜性评价	0.70	0.30
中国农村户用沼气区域适宜性与可持续性研究	0.74	0.26
户用沼气区域适宜性评价指标体系构建及分级标准的研究	0.67	0.33
平均	0.70	0.30

从表 4.4-12 可以较为清楚地看出气候类权重明显高于资源类权重，且大多处于 0.7 左右，故本书研究中将气候类权重定为 0.7，资源量权重定为 0.3。

（4）评价模型构建结果

通过对不同层次的权重进行讨论、计算、调研等方式进行确定后，可以得到逐层权重，见表 4.4-13，可以此作为后续用于评价模型的基础。

太阳能干式发酵集中制沼气候适应性评价指标体系　　　　表 4.4-13

目标层	准则层	指标层
太阳能干式发酵集中制沼气候适应性评价指标体系	气候(0.70)	太阳辐射量(0.105)
		室外气温(0.595)
	资源(0.30)	农作物(0.141)
		人畜粪便(0.159)

后续即可按照上述层次指标进行计算，计算多个考察区域的加权分数，比较相互之间大小，从而实现太阳能干式发酵集中制沼气候适应性评价。

5. 评价模型分数划分

在确定各指标的权重之后需要再制订每个指标的得分规则，然后结合权重计算各地区总分数，实现比较和筛选。

（1）太阳辐射量计分规则

太阳辐射量对于太阳能干式发酵集中制沼气来说是一个正向指标，即太阳能资源越丰富则越有利于沼气的生产。为比较几个区域相互之间水平，可以太阳辐射量最大的地区为基准，定义得分为 100 分，其他比较区域减去最小辐射地区辐射值分别与最大辐射量地区辐射值减去最小辐射量地区辐射值作比并乘以 100 计算得到其太阳辐射量项目的分数。公式如下所示：

$$X_{正} = \frac{X_{原} - X_{\min}}{X_{\max} - X_{\min}}$$（4.4-3）

（2）室外气温计分规则

室外气温指标并非简单的正向指标，不能简单按照气温的高低给出单向的分数，一般来说室外气温越高越利于沼气产生，但是当室外气温低于 10℃ 后，将较难获取沼气，因此该项计分需要考察逐月情况。一种较为简便的方式是首先按照某地全年平均气温、按照太阳辐射量的计算方式给出一个分数，再统计其年平均气温高于 10℃ 的月份所占全年月份的比例对前一个分数进行修正，最终得到室外气温分数。

（3）农作物资源计分规则

农作物资源量属于正向指标，越多农作物将提供更为充足的沼气产量。同样按照太阳辐射量的计分方式处理，依次作比得到各地分数。

（4）人畜粪便资源计分规则

与农作物指标相似为正向指标，可以按照由高到低顺序主机给出分数。同样按照太阳辐射量计分方式处理，依次作比得到各地分数。

4.4.4　评价软件

本软件主要提供三部分功能，分别是查询典型地点参数、太阳能干式发酵集中制沼气候适应性计算和适应性分区图查看。图 4.4-16 是软件启动初始界面。下面对各功能使用进行说明。

图 4.4-16　软件启动初始界面

1. 查询典型地点参数

点击【功能】菜单后点击【查询典型地点参数】，打开如图 4.4-17 所示界面该功能的使用方法为：点击城市下方的下拉菜单，可以看到本软件已经录入了长三角地区 27 个城市的名称，点击需要查询的地名后，下面相应文本框中将实时显示对应的基本数据。此处所呈现的数据均源于各地最新年鉴统计数据，有一定参考意义，也是本软件气候适应性评价的原始参数。

同时在城市名称右方也将按照其原始数据计算出该地的气候适应性评价分数，并判定其气候适应性，关于气候适应性的评价分数段说明，也可点击【评价说明】按钮查询。窗

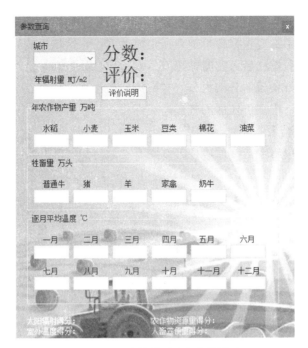

图 4.4-17 查询典型地点参数界面

口最下端列出的为该地四个主要评价项目的分项得分。

2. 太阳能干式发酵集中制沼气候适应性计算

点击【功能】菜单后点击【太阳能干式发酵集中制沼气候适应性计算】，打开如图 4.4-18 所示界面。

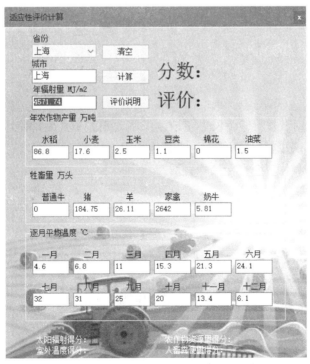

图 4.4-18 太阳能干式发酵集中制沼气候适应性计算

该功能的使用方法为：通过用户自行搜集到的长三角城市各项原始数据输入对应文本框中，省份下拉菜单中需要选择评价地点所隶属的省份，这将影响到计算过程中部分系数的取值。点击【计算】按钮后可实时输出其气候适应性分数和评价结果。窗口最下端列出的为该地四个主要评价项目的分项得分。在完成一次计算后可以点击【清空】按钮将上次数据清除，便于输入下个评价地区的气候适应性。

3. 适应性分区图查看

点击【功能】菜单后点击【适应性分区图查看】，打开如图4.4-19所示窗口。

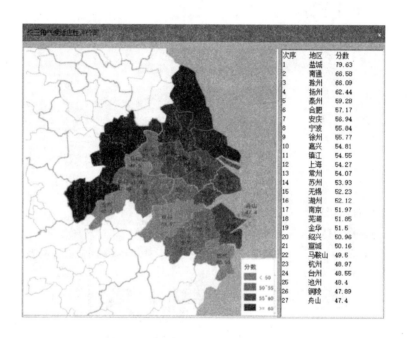

图 4.4-19 适应性分区图查看

图4.4-19主要用于查看整个长三角地区应用太阳能干式发酵集中制沼的适应性，区域颜色深浅按照其分数划分，可以较为直观地展现该技术的适应性情况。右侧表格列出了评价的27个城市的具体得分便于用户查看。

4. 使用帮助菜单

（1）使用说明

点击【使用帮助】菜单，选择【使用说明】按钮，将弹出对本软件【功能】菜单几项主要功能的使用说明与帮助，如图4.4-20所示。

用户在查看完成后点击【关闭】即可。

（2）关于太阳能干式发酵集中制沼气候适应性评价软件

点击【使用帮助】菜单，选择【关于太阳能干式发酵集中制沼气候适应性评价软件】按钮，将弹出本软件的作者信息。

用户在使用过程中遇到相关问题都可通过制作者信息联系软件开发者进行反馈。

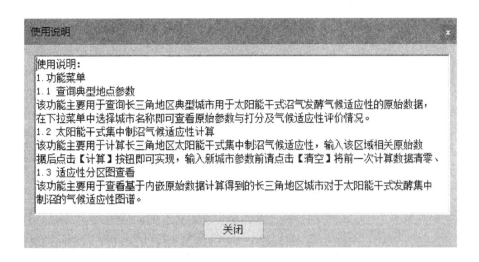

图 4.4-20　使用说明界面

4.5　太阳能干式发酵集中制沼适用性区域划分技术研究

对于太阳能干式发酵集中制沼的适用性区域划分需要从两个方面进行考虑：原料资源和产气能力，其中产气能力是与发酵温度相关即反映了发酵工程所在地气候的适宜性。本节根据气候资源条件与生物质资源条件进行太阳能干式发酵集中制沼的气候适应性区域划分，对长三角各区域太阳能干式发酵集中制沼效果进行评估。

4.5.1　原料资源分析

发酵原料资源量主要分为秸秆生物质资源量和禽畜粪便生物质资源量两种。长三角各主要城市村镇的原料资源量如图 4.5-1 所示，由图可以看出各地区总原料资源量徐州＞合肥＞上海＞杭州＞南京＞温州；秸秆生物质资源量徐州＞合肥＞南京＞杭州＞上海＞温州。各城市发酵原料资源水平差距较大，杭州、南京、温州发酵原料资源相对不丰富。

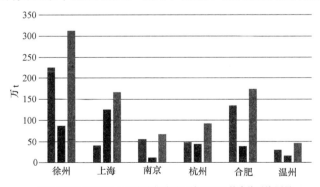

图 4.5-1　发酵原料资源量对比

4.5.2　供气能力分析

结合沼气池日产气能力可得到各城市村镇居民的日产气量和年产气量如图 4.5-2～图 4.5-7 所示。

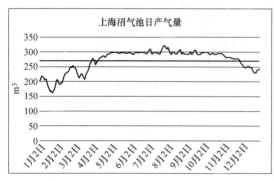

图 4.5-2　上海村镇地区日产气量　　　　　图 4.5-3　温州村镇地区日产气量

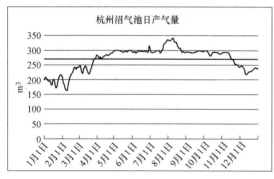
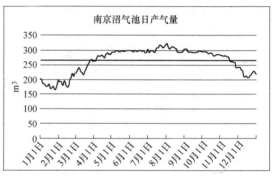

图 4.5-4　杭州村镇地区日产气量　　　　　图 4.5-5　南京村镇地区日产气量

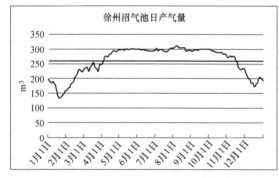
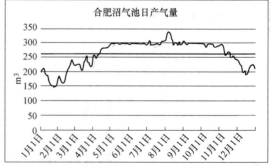

图 4.5-6　徐州村镇地区日产气量　　　　　图 4.5-7　合肥村镇地区日产气量

从图 4.5-8 可以看出，对某一城市全年沼气池日产气量在 150～350m³ 范围内波动，年平均日产气量在 260m³ 左右，夏季和冬季产气水平差距较大。夏季和冬季产气水平出现差距的原因是冬季的平均气温和太阳辐射强度均较小。

同时我们可以得到这几个城市供气能力的大小：温州＞上海＞杭州＞南京＞合肥＞徐州。评价模型中给出了各个影响因素：生物质资源、太阳辐射、室外气温对产气水平影响的大小，其中室外气温的影响最大，占 65.1％，并由此推断出产气能力：杭州＞上海＞合肥＞南京。根据该推论，长三角地区六大城市产气能力情况应为：温州＞杭州＞上海＞合肥＞南京＞徐州，这与本节的计

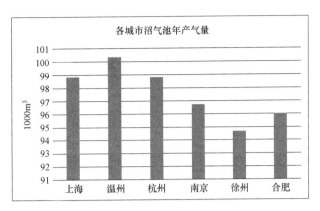

图 4.5-8　各城市村镇地区年产气量

算结果稍有出入，分析原因可能是上海和杭州的产气能力本来就比较接近，所以哪个城市更高则更容易出现偏差。但是本节计算的这六个城市供气能力大小比较结果基本与平均气温排序结果一致。此外，产气能力还受其他因素如太阳辐射等影响。

4.5.3　气候适应性分级标准

根据上述分析结果，参照评价指标打分方法，设计了一个太阳能干式发酵集中制沼气候适应性评价的三分级标准。综合量化值大于 80 的区域，为比较城市当中的适宜区；综合量化值在 80～40 之间的区域，为比较城市当中的次适宜区；综合量化值小于 40 的区域，为比较城市当中的不推荐应用区（表 4.5-1）。

太阳能干式发酵集中制沼气候适应性分级标准　　　　　　　　　　　表 4.5-1

适宜性分区	适宜区（Ⅰ）	次适宜区（Ⅱ）	普通区（Ⅲ）
分级标准	＞60	60～30	＜30

4.5.4　典型长三角典型城市太阳能干式发酵集中制沼气候适应性评价

现将四个长三角城市的四个指标数据按照上一小节的计分方法进行计算后列于表 4.5-2 中。

典型长三角城市分项得分　　　　　　　　　　　表 4.5-2

城市	太阳辐射量得分	室外温度得分	农作物资源得分	人畜粪便资源得分
上海	100.00	62.50	0.00	100.00
南京	86.13	37.50	7.93	0.00
杭州	0.00	75.00	4.10	28.21
合肥	75.97	43.75	51.39	23.40
徐州	10.61	0	100	66.41

按照表 4.5-2 得分同时结合各项权重得到各地点最终得分见表 4.5-3。

典型长三角城市总评价得分 表 4.5-3

城市	评价总得分
上海	63.6
南京	32.5
杭州	49.7
合肥	45.0
徐州	25.8

由表 4.5-3 可得，在本评价指标下，适合发展太阳能干式发酵集中制沼气的气候适应性是：上海＞杭州＞合肥＞南京＞徐州。而按照区域适应性分级标准来看上海属于适宜区，而南京、杭州及合肥属于次适宜区，徐州属于普通区。从计算结果来看，本评价标准与室外气温有较强关联性，室外平均气温较高的城市在平均结果中普遍较为靠前。

4.6 太阳能干式发酵集中制沼工程设计

4.6.1 设计参数

1. 气候条件

（1）沼气发酵按发酵温度划分可分为常温（变温）发酵型、中温发酵型和高温发酵型，农村户用沼气发酵属于常温发酵。

（2）沼气发酵的温度为 10～60℃范围内，其中 35℃为中温发酵的产气高峰，54℃为高温发酵的产气高峰。

（3）针对温度达不到产气下限温度且太阳能资源丰富的地区，可通过采取适宜的增温和保温措施，合理利用太阳能，保证沼气池安全越冬并正常产气。

（4）合理利用太阳能，可通过将沼气池建于日光温室或太阳能畜禽舍内等方式实现。由于温室效应的作用，在冬季最冷月份，温室和暖圈内夜间气温也在 4℃以上，沼气池内发酵料液的温度在 12～15℃。

2. 原料资源设计

（1）可用作太阳能干式发酵的制沼原料有农作物秸秆、人畜禽粪便等。

（2）农作物秸秆。农作物秸秆可用于生产沼气的秸秆资源量，应在秸秆可收集量的基础上扣除用作饲料、工业、还田的部分。农作物秸秆的可收集资源量，应在秸秆总资源量的基础上扣除由于留茬等原因无法从田间收集的部分。农作物秸秆可用于生产沼气资源量计算见式（4.6-1）。

$$CR_B = Q_c \cdot r \cdot f \cdot e \cdot s \tag{4.6-1}$$

式中 CR_B——农作物秸秆可用于生产沼气的资源量，kg；

Q_c——第 i 类农作物的产量，kg；

r——农作物的草谷比系数；

f——农作物可收集系数；

e——农作物中可用于生产沼气的秸秆比例；

s——农作物秸秆干物质质量分数。

（3）草谷比系数指作物非籽粒部分与籽粒部分的重量比，可采用科技部星火计划《农作物秸秆合理利用途径研究报告》中的研究结果计算，见表4.6-1。

几种主要农作物秸秆草谷比系数   表4.6-1

	水稻	小麦	玉米	豆类	油菜	棉花
科技部星火计划	0.95	1.28	1.25	1.50	2.21	3.14
可再生能源战略研究组	0.62	1.37	2.00	1.50	2.00	3.00
中国农村能源行业协会	1.00	1.00	2.00	1.50	2.00	3.00

（4）农作物产量由地理分布、气候条件等多种因素决定，可参照相关统计年鉴取各地区主要农作物种类及户均产量计算，见表4.6-2。

户均粮食产量（kg）   表4.6-2

	稻谷	小麦	玉米	大豆	青稞	油菜
徐州		1102.5	1066.0			
上海	811.1	164.8				
济南		1269.5	1348.2			
成都	1236.5	241.9				173.0
哈尔滨	3067.8		6858.4	234.3		
拉萨		402.8			1218.1	
宁德		377.1	1053.2			

注：表4.6-2数据取自《中国农村统计年鉴2014》、《哈尔滨统计年鉴2014》、《成都统计年鉴2014》、《上海统计年鉴2014》、2014年济南市国民经济和社会发展统计公报、2014年徐州市国民经济和社会发展统计公报、《宁德统计年鉴2014》等。

（5）秸秆资源可收集利用量一般根据秸秆资源总量和可收集利用系数来计算。由于机械化收割占据主导地位，因此可采用机械收割系数进行计算，见表4.6-3。

主要农作物秸秆收集系数   表4.6-3

	水稻	小麦	玉米	豆类	油菜	棉花
机械收割	0.66	0.77	1.00	0.88	0.85	
人工收割	0.90	0.90	1.00	0.88	0.95	0.94

（6）由于各地区经济水平、产业结构的不同，各地区秸秆利用方式存在较大差异。各地区农作物秸秆使用用途比例见表4.6-4。由于沼气集中供气将替代秸秆直接燃烧作为农村生活能源，则除饲料、秸秆还田、工业用途、食用菌基料之外的秸秆资源量均可用于生产沼气，因此，生产沼气可用秸秆比例见表4.6-5。

秸秆用途比例（%）   表4.6-4

	饲料	还田	工业用途	食用菌基料	农村生活能源
江苏	8.3	12.0	9.1	5.2	30.5
上海	17.8	12.0	0.0	7.3	0.0
山东	35.0	12.0	8.8	2.6	24.5

续表

	饲料	还田	工业用途	食用菌基料	农村生活能源
四川	23.4	15.0	3.5	2.5	51.9
黑龙江	18.1	15.0	0.0	1.4	25.5
西藏	36.9	20.0	0.0	0.0	39.0
福建	22.7	12.0	0.0	20.0	30.8

生产沼气可利用秸秆比例（%） 表 4.6-5

	江苏	上海	山东	四川	黑龙江	西藏	福建
比例/%	65.4	62.9	41.6	55.7	65.5	43.1	45.3

（7）秸秆干物质质量分数由秸秆种类决定，可参照表 4.6-6 所示比例计算。

发酵原料总固体含量（近似值）% 表 4.6-6

发酵原料	总固体含量	水分含量
风干稻草	83	17
风干麦草	82	18
玉米秆	80	20

（8）畜禽粪便是沼气发酵的理想原料，可用于生产沼气的畜禽粪便年度产生量的计算见式（4.6-2）。

$$LPM_B = n \cdot d \cdot m \cdot s \qquad (4.6-2)$$

式中 LPM_B——畜禽粪便年度产生量，kg；

　　　n——畜禽养殖数目；

　　　d——畜禽饲养期，d；

　　　m——畜禽排泄系数，kg/d；

　　　s——畜禽粪便干物质系数。

（9）畜禽粪便排泄系数。我国猪、牛、羊等主要牲畜的粪便排泄系数可参照表 4.6-7 计算。

我国主要牲畜粪便排放量 表 4.6-7

主要牲畜种类	参照体重	日排粪量	日排尿量
	kg	[kg/(d·头)]	[kg/(d·头)]
牛	500	34	34
马	500	10	15
猪	50	2～5.5	6～8
羊	15	1.5	2
鸡	1.5	0.1	0

（10）畜禽粪便干物质系数，我国猪牛羊等主要牲畜的粪便干物质系数可参照表4.6-8计算。

畜禽粪便干物质系数（近似值）% 表 4.6-8

种类	固体含量	水分含量
鸡粪	24	76
奶牛粪	10	90
猪粪	18	82
羊粪	32	68
牛粪	17	83
牦牛粪	20	80

（11）农村人粪尿排放量。我国体重为50kg的人，每天排泄粪0.5kg、尿1kg，即每年每人排粪量182.5kg、尿量365kg为参照值。

3. 用气量

（1）村镇用气量需求分为生活用能需求和生产用能需求两部分。

（2）居民用气量宜采用问卷调研的方法确定。问卷设计时应遵循目的性原则、一般性原则、逻辑性原则、明确性原则和便于整理分析的原则。问卷内容主要分为家庭基本情况、家庭生活用能情况和资源状况三个方面，见表4.6-9。

居民用气量调研内容 表 4.6-9

项 目	主 要 内 容
家庭基本情况	家庭总人口、常住人口、人均收入、年龄结构
家庭生活用能情况	炊事能源种类及用量、太阳能利用状况
资源情况	耕地面积、作物种类

（3）根据调研结果，可以计算出各村镇居民平均每户每年炊事能耗及炊事有效热，见式（4.6-3）和式（4.6-4）。

$$Q_{cooking} = \sum_{i=1}^{n} Q_i \cdot h_i \tag{4.6-3}$$

$$Q'_{cooking} = \sum_{i=1}^{n} Q_i \cdot h_i \cdot \eta_i \tag{4.6-4}$$

式中　$Q_{cooking}$——炊事能耗，MJ/（年·户）；

$Q'_{cooking}$——炊事有效热，MJ/（年·户）；

h_i——使用第 i 种燃料炊事用户比例；

η_i——第 i 种燃料能源利用效率；

Q_i——第 i 种燃料炊事能耗，等于燃料消耗量与热值的乘积，MJ/（年·户）。

（4）村镇居民生活用气量指标。太阳能沼气工程的建设规模应根据当地居民实际生活中的耗热情况来确定。

一般情况下，需统计5~20年的实际运行数据作为基本依据，用数学方法处理统计数据，并建立适用的数学模型，分析确定，并且需预测未来发展趋势，给出可靠的用气量指标推荐值。

在一些有多年管道煤气经营经验的大城市，参考当地煤气公司用气方面的统计数据，进行分析确定。对无此类经验的地区，则可以根据当地居民在实际生活中耗热情况、生活习惯、当地的经济水平、气候及参考与该地区相邻的具有相似气候条件、生活习惯的城市统计数据进行分析。

（5）寒冷地区村镇年生活能耗及有效热可参照表4.6-10。

寒冷地区村镇年生活能耗量及有效热　　　　表4.6-10

	户均人数	能源消耗量[MJ/(户·年)]	有效热[MJ/(户·年)]
1	3.85	10269	4139
2	3.84	11882	3173
3	3.65	10739	4269
4	3.85	9461	4155

（6）城镇居民生活用气量指标可参照表4.6-11。

城镇的居民生活用气量指标[MJ/(人·年)]　　　　表4.6-11

城镇地区	有集中采暖的用户	无集中采暖的用户
东北地区	2303～2721	1884～2303
华东、中南地区		2093～2303
北京	2721～3140	2512～2913
成都		2512～2931
上海		2303～2512

（7）典型地区村镇居民生活用气量指标可参照表4.6-12。

村镇居民炊事及热水用气量指标　　　　表4.6-12

	徐州	哈尔滨	成都	拉萨	上海	济南	宁德
户均人口	3.4	3.5	3.45	4	2.65	2.94	3.69
用气量指标[MJ/(户·年)]	7102	6594	8666	10048	6103	6153	7723

（8）居民生活年用气量按式（4.6-5）计算。居民用气人数，取决于居民人口数及气化率，气化率是指居民使用燃气的人口数占总人口的百分数。

$$Q_a = \frac{N \cdot k \cdot q}{H_1} \tag{4.6-5}$$

式中　Q_a——居民生活年用气量[（N·m³）/a]；

　　　N——居民用气户数（户）；

　　　k——气化率（%）；

　　　q——居民生活用气定额[kJ/(户·a)]；

　　　H_1——沼气低热值[kJ/(N·m³)]。

（9）当气化率取为100%时，各典型村镇年用气量见表4.6-13。

（10）村镇生产用能主要是畜禽规模养殖场的采暖。目前并没有针对畜禽舍采暖用气量的计算方法，可参考民用建筑物采暖用气量计算，见式（4.6-6）。

$$Q_a = \frac{Fq_f n}{H_1 \eta} \tag{4.6-6}$$

式中 Q_a——年用气量 $[(N \cdot m^3)/a]$；

F——使用燃气供暖的建筑面积（m^2）；

q_f——建筑物的热指标 $[kJ/(m^2 \cdot h)]$；

η——供暖系统的热效率；

H_1——燃气低热值 $[kJ/(N \cdot m^3)]$；

n——供暖最大负荷利用小时数（h/a）。

不同规模村镇年用气量（m³） 表 4.6-13

	徐州	哈尔滨	成都	拉萨	上海	济南	宁德
100 户	37979	35262	46342	53733	32636	32904	41299
300 户	113936	105786	139027	161198	97909	98711	123898
500 户	189893	176310	231711	268663	163182	164519	206497
1000 户	379786	352620	463422	537326	326364	329037	412995

1）热指标

取各地区采暖设计负荷热指标见表 4.6-14，猪舍采暖设计负荷热指标参照住宅指标 1.8 倍计算。

全国主要城市采暖期耗热量指标和采暖设计热负荷指标 表 4.6-14

城市	采暖期天数（d）	采暖室外计算温度（d）	采暖室外平均温度（d）	节能建筑		现有建筑	
				耗热量指标 q_h（W/m²）	设计负荷指标 q_h（W/m²）	耗热量指标 q_h（W/m²）	设计负荷指标 q_h（W/m²）
北京	120	-9	-1.6	20.6	28.37	31.82	43.82
哈尔滨	176	-26	-10	21.9	33.69	34.41	52.93
济南	101	-7	-0.6	20.2	31.38	29.02	45.08
郑州	98	-5	-1.4	20	30.77	27.71	42.2

2）供暖系统热效率

锅炉热效率是指锅炉产生的蒸汽或热水所具有的热量与同时间进入锅炉的燃料等所拥有的物理热和化学热总热量的比值，用百分数表示。不同锅炉容量热效率见表 4.6-15。

燃气锅炉热效率 表 4.6-15

锅炉容量（t）	$\leqslant 1$	2	$4 \sim 6$	$\geqslant 10$
热效率（%）	80	80	84	85

热网热损失，主要有散热损失、补水耗热损失以及管网失调热损失。供热系统的各环节热损失应在 40%～50% 之间，本书研究供暖系统热效率取为 0.6。

3）供暖最大负荷利用小时数

供暖最大负荷利用小时数可按式（4.6-7）计算

$$n = n_1 \frac{t_1 - t_2}{t_1 - t_3} \tag{4.6-7}$$

式中 n——供暖最大负荷利用小时数（h/a）；

n_1——供暖期（h/a）；

t_1——供暖室内计算温度（℃）；

t_2——供暖期室外平均气温（℃）；

t_3——供暖室外计算温度（℃）。

（11）各地区供暖室外计算温度、供暖期室外平均气温、供暖期、采暖日期、采暖面积热指标见表 4.6-16。

养殖场采暖计算参数　　　　表 4.6-16

	徐州	哈尔滨	成都	上海	拉萨	济南	宁德
供暖室外计算温度（℃）	−3.6	−24.1	2.8	1.2	−4.9	−5.2	3.5
供暖期室外平均气温（℃）	2.41	−9.6	6.15	4.62	1.36	1.72	8.45
供暖期（h/a）	2328	4200	1128	960	3264	2400	1296
采暖日	11.29~3.5	10.20~4.12	12.21~2.5	12.31~2.8	11.4~3.19	11.26~3.5	12.13~2.4
采暖面积热指标（W/m²）	75.96	95.27	54	54	75.96	81.14	48.6
燃气低热值（kJ）	18700	18700	18700	18700	18700	18700	18700

供暖月用气量占年供暖用气量百分数由式（4.6-8）计算，典型地区供暖月用气量占年供暖用气量百分比见表 4.6-17。

$$q_m = \frac{100(t_1 - t_2')n'}{\sum(t_1 - t_2')n'} \qquad (4.6-8)$$

式中　q_m——该供暖月用气量占年供暖用气量百分数（%）；

　　　t_1——供暖室内计算温度（℃）；

　　　t_2'——该月平均气温（℃）；

　　　n'——该月供暖天数。

供暖月用气量占年供暖用气量百分比　　　　表 4.6-17

	徐州	哈尔滨	成都	上海	拉萨	济南	宁德
10 月	0	2.7	0	0	0	0	0
11 月	1.1	15.6	0	0	16.3	2.7	0
12 月	31.8	21.9	21.6	1.9	25.7	32.6	32.4
1 月	37.9	24.7	69.8	80.6	27.1	36.5	62.5
2 月	26.3	19.6	8.6	17.5	19.8	25.8	5.1
3 月	2.9	13.2	0	0	11.1	2.4	0
4 月	0	2.3	0	0	0	0	0

4. 储气规模

（1）村镇地区沼气集中供气中应设置储气设施，不仅承担负荷调峰，并且当气源非连续供应或者气源意外暂停产气时，还能起到部分时段主气源的作用。

（2）储气罐容积、供气量与沼气生产能力互相关联。Q_d 为沼气系统的日产气量，当气源连续供气时，沼气池的最小产气能力为 $1/24Q_d$。气源不连续供气时，沼气池的最小产气量由工作小时数确定，最小产气能力为 $1/tQ_d$，t 为制气小时数。

（3）百户居民用气储气量参照表 4.6-18 设计。

百户居民生活用气储气量　　　　表 4.6-18

	徐州	哈尔滨	成都	拉萨	上海	济南	宁德
$Q_d(m^3)$	130	121	159	184	112	113	141
储气量(m^3)	78	72	95	110	67	68	85

（4）500 户居民生活与生产年用气高峰期的日均用气量和储气量参照表 4.6-19 设计。

年用气高峰期日均用气量及储气量（m^3）　　　　表 4.6-19

	徐州	哈尔滨	成都	拉萨	上海	济南	宁德
Q_{dmax}	1014	1184	1048	1318	835	999	868
生产用气比例	41%	53%	30%	36%	38%	48%	25%
储气比例	45%	45%	60%	60%	60%	45%	60%
储气量(m^3)	456	533	629	791	501	450	521

（5）储气罐可采用低压湿式储气罐、干式储气罐和常压储气罐等。

4.6.2　发酵罐尺寸设计

厌氧发酵器的有效容积与供气农户的户数、用作其他用途的沼气量以及沼气池的容积产气率等有关，按照式（4.6-9）计算：

$$V_d = \frac{n \cdot V_e + V_o}{k} \qquad (4.6-9)$$

式中　V_d——发酵罐有效容积，m^3；

　　　n——供气农户的户数，户；

　　　V_e——农户每天的用气量，$m^3/(d \cdot 户)$；

　　　V_o——每天用作锅炉燃料及其他用途的沼气量，m^3/d；

　　　k——设计容积产气率，$m^3/(m^3 \cdot d)$。

发酵罐示意图如图 4.6-1 所示，为圆柱体。该发酵罐直径设计为 5m，长度根据上式计算得到的发酵罐容积。

4.6.3　日光温室设计

影响温室热环境的因素有很多，比如室外的天气情况，围护结构的构造，温室内的供暖设备，温室内其他设备的布置以

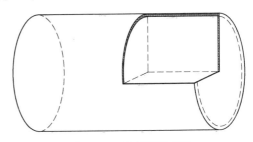

图 4.6-1　发酵罐示意图

及运行状况等，温室的内部温度条件是这些因素共同作用的结果。由于各地区气候及资源条件不同，日光温室的结构型式与工艺也不尽相同。日光温室应建于光照条件好的地区和朝向，一般情况下坐北朝南。墙体的保温性能，主要考虑墙体材料的吸热性、导热性和蓄热性。

主要设计参数有如下几个（图 4.6-2）：

1. 跨度 L

不同纬度地区日光温室的适宜跨度见表4.6-20。

表 4.6-20

不同纬度地区日光温室的适宜跨度

北纬	≥45°	41°～45°	38°～41°	35°～38°	≤35°
跨度(m)	≤6	6～7	7～8	8	≥8.5

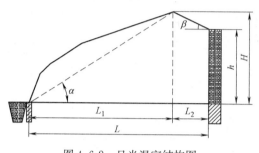

图 4.6-2　日光温室结构图

由于不同于作物培植类温室大棚，对采光要求没有十分严格，因此，可根据发酵罐尺寸等综合确定温室跨度。

2. 脊高 H 及后墙高度 h

由于发酵罐直径设计为 5m，部分埋地，因此脊高设计为不低于 3.6m，不高于 4.5m。后墙高度则设计为 2.8～3.6m。

3. 采光角 α

屋面采光角即采光屋面前沿与地面的交点与屋脊点连线与地平面之间的夹角。按式 $α≥φ-δ-35°$ 计算，式中，$φ$ 为地理纬度，$δ$ 为太阳赤纬，冬至日太阳赤纬 $δ=-23.5°$。

4. 后屋面角 β

后屋面角是后坡屋面内表面与水平面的夹角。后屋面角宜比当地冬至日正午太阳高度角高 5°～8°。合理的角度为 35°～45°。

5. 后坡水平投影 L_2

温室后坡的水平投影距离 $L_2≥2m$ 会造成温室后部光照不好，$L_2≤0.8m$ 或无后坡的温室保温效果不好。应根据纬度的变化，采用不同的 L_2 值。

6. 温室长度

日光温室长度根据发酵罐长度确定。

4.6.4　发酵温度对干发酵沼气池容产气速率的影响

沼气发酵微生物在一定的温度范围内才能生长繁殖，进行正常的代谢活动。一般来说，在 8～65℃ 范围内都能产气。在一定温度范围内（15～40℃）随着温度升高，微生物代谢加快，分解原料的速度相应提高，产气量和产气率也相应增高。Roediger、John T. Pfefter 和其他许多学者系统地研究了温度对不同原料沼气发酵产生的影响，发现在 30～60℃ 之间，沼气发酵的日产气效率和日负荷量并非与温度的增高呈正相关，而是在这个范围之内出现了两个产气的高峰。概括地讲，一个高峰介于 30～40℃ 之间；另一个高峰介于 50～60℃ 之间。出现这两个高峰的原因是在这两个高峰温度下，有两种不同的微生物菌群参与作用的结果。40～50℃ 是沼气微生物高温菌和中温菌过渡区间，它们在这个温度范围内都不太适应，因而此时产气速度会下降。但当温度增高到 53～55℃ 时，沼气微生物中的高温菌活跃，产沼气的速度最快。不同研究者由于采用的发酵原料不同，结果不尽相同。由于产气量不仅受到发酵温度的影响，同时受发酵原料种类、发酵浓度、发酵周期的影响，但是随发酵温度变化的比例大致相同。

有研究表明，6～9月份，发酵温度在30～40℃之间，马粪与玉米秸秆干物质比例为1：1，发酵浓度为20％时，池容产气率平均为0.88m³/(m³·d)；猪粪、玉米秸浓度为20％，池容产气率0.98m³/(m³·d)；混合粪浓度为30％时，池容产气率平均为1.40m³/(m³·d)。而《秸秆沼气工程工艺设计规范》NY/T 2142—2012中主要技术参数见表4.6-21。

秸秆沼气工程工艺主要技术参数　　　　　　　　　　　　表4.6-21

参数	温度范围	单位质量产气量 m³/kg(TS)	容积产气率 m³/(m³·d)
中温发酵	35～45	0.3～0.35	≥0.8
高温发酵	50～60	0.3～0.35	≥1.0

图4.6-3绘出温度对产气速率的影响。根据上文中求得的发酵料液温度查得产气速率，可得到每日沼气产气量。

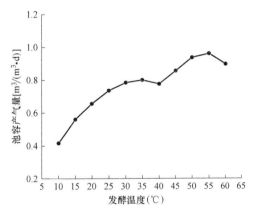

图4.6-3　发酵温度沼气产量的关系

4.6.5　主要应用技术

1. 太阳能沼气池采用的是拼装卧式生产技术，和目前推广的拼装立式秸秆沼气池建造技术相比技术要求更高、施工难度更大。

（1）结构设计。发酵罐设计为圆筒状，横置，强度大，不易损坏。结构设计满足强度要求，并按照最不利组合设计钢板的厚度、螺孔的大小及数控加工技术。

（2）施工工艺。秸秆太阳能沼气池的施工可将卧式焊接工艺和卧式拼装工艺相结合。

（3）太阳能吸热和保温技术。在沼气池罐体上喷涂黑色太阳能选择性涂料，吸热能力强，实现利用太阳能为沼气池增温的目的；另一方面采用日光温室为沼气池增温、保温，两项技术结合使用可解决沼气池因冬季温度低不能很好产气的难题。

2. 农户用气智能管理技术

在每个农户家中安装智能型沼气流量表，沼气用户使用农作物秸秆换气或者用现金购气预存在IC卡上，插入智能型沼气流量表中，即可用气。待卡上预存的气用完后，需要继续充值才能使用，既免去了逐户查表收费的工作量，同时又避免了用户恶意欠费的现象。

4.6.6　太阳能干式发酵沼气系统计算结果与实验验证

为验证太阳能沼气系统的热性能，进行了一系列相关测试。测试对象有以下3个：①300m³太阳能沼气工程，有保温被，供气100户；②500m³太阳能沼气工程，有保温被，供气约240户；③300m³太阳能沼气工程，无保温被。热性能测试内容主要有室外气温、太阳总辐射、温室内气温、发酵温度等。具体见表4.6-22。

测试工况

表 4.6-22

测试时间	测试对象	测试参数
2014/5/22~2014/6/12	①	室外气温、温室内气温、发酵温度、沼气成分及热值
2014/12/22~2015/1/8	①、②	室外气温、温室内气温、发酵温度沼气成分及热值
2015/12/25~2016/1/7	①、②、③	室外气温、太阳总辐射、温室内气温、发酵温度

测试仪器：温度自记仪，仪表量程−40~100℃，分辨率0.1℃；太阳总辐射计 YGC-TBQ，量程 0~2000W/m²。室外温度测试将温度自计仪放置于距离地面1.5m左右高度背阴处；太阳总辐射表置于日光温室顶部，并保证没有遮挡；发酵温度测量采用贴片式温度自计仪，在发酵罐侧壁面不同高度处布置测点，并用保温隔热材料将探头与周围空气隔离。测试仪器及测试现场图如图4.6-4和图4.6-5所示。

图 4.6-4　太阳总辐射测试仪器及测试现场图片

图 4.6-5　发酵温度测试

1. 模型计算与实测结果验证

2015年12月25日~2016年1月7日，测试期间室外气温及室外水平面太阳能总辐射逐时值如图4.6-6和图4.6-7所示，将各数值及徐州地区发酵系统物理参数和热物性参数带入上文所建方程组模型，所得到的日光温室内气温及发酵温度的瞬时计算结果与实际测试结果对比如图4.6-8所示。从图中可以看出，在晴天白天时，温室内气温实测值相较于计算值偏高，除了受到计算模型简化的影响之外主要受测试条件限制，测试时不能完全消除辐射对温室内气温的影响。相较于计算结果，实测发酵温度在一天之内波动幅度较大，实测与计算发酵温度误差在±10%以内，实验很好地验证了模型。

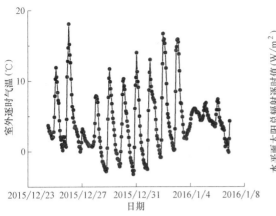

图 4.6-6 测试期间室外逐时气温

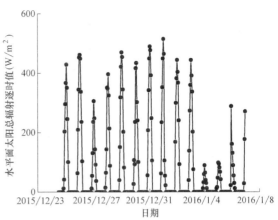

图 4.6-7 测试期间室外水平面太阳总辐射逐时值

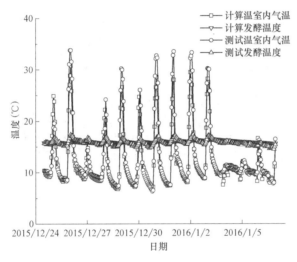

图 4.6-8 实测及预测温室内气温与发酵温度对比

测试期间，室外日平均气温 4.2℃，太阳总辐射量为 10079MJ/m²，温室内日平均气温 12.7℃，发酵日平均温度 16.2℃。计算所得温室内日平均温度为 12.2℃，发酵日平均温度 16.0℃。阴雨天时，由于没有太阳辐射的作用，温室内气温增幅较小，由于发酵罐系统惯性较大，发酵温度变化较为缓慢。由于 2015 年 11 月份徐州地区受寒流冷空气的影响突降暴雪，气温达到零下 11℃，且较往年仅有 1/3 的天数有太阳，因此，发酵温度相比于往年偏低，往年同时期发酵温度可

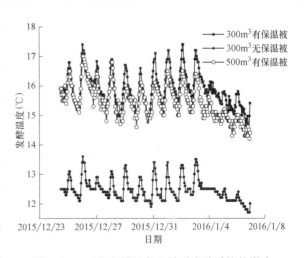

图 4.6-9 工程规模及保温被对发酵系统的影响

达到18~20℃。

2. 工程规模及保温被对发酵系统的影响

图4.6-9所示为测试期间不同规模有保温被与无保温被的发酵工程发酵温度逐时变化对比图,从图中可以看出,发酵罐规模对发酵温度的影响较小,两者相差在0~0.7℃之间,平均相差0.3℃。而保温被的影响较大,有保温被比无保温被的发酵工程发酵温度高3~4℃。因此,在我国冬季较为寒冷地区,日光温室冬季覆盖保温被是较好的保温方法。

3. 典型年发酵系统增温效果验证与分析

根据中国建筑热环境分析专用气象数据集中徐州气象站典型年8760个小时的逐时气象参数计算太阳能集中发酵系统的全年热性能参数,连续计算两年以消除初始值的影响。

图4.6-10和图4.6-11所示分别为在2014年5月21日~6月12日及2014年12月17日~2015年1月7日两段时期内实测温室内气温与典型年相应时期内计算气温的比较。因为每日室外气象参数不同,因此计算结果与实测结果不完全一致。

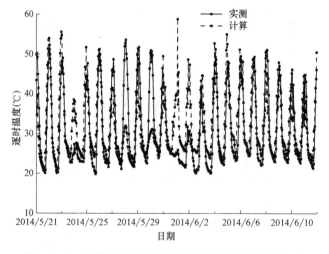

图4.6-10 夏季实测温室内气温与典型年计算气温比较

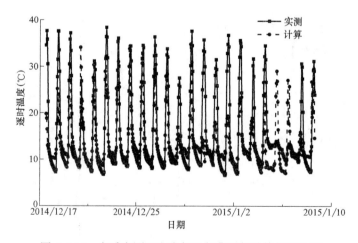

图4.6-11 冬季实测温室内气温与典型年计算气温比较

表4.6-23为测试时间内测试结果与计算结果的平均、最高、最低室内外温度,测试

与模拟的室内温度误差均在 10% 以内。夏季温室内温度最高可以达到 53℃ 左右，最低 19℃ 左右，平均 30.9℃。室外平均气温 20.2℃，平均增温 10.7℃。图 4.6-11 为冬季日光温室内气温，日最高气温可达到 38℃ 左右。该段时间内温室内气温 6.6～37.7℃，平均气温 15.2℃，室外气温 -5.6～18.3℃，平均气温为 4.2℃，日光温室平均增温 11.0℃。

徐州典型年实测与计算比较　　　　　　　　　　　　表 4.6-23

	冬季气温				夏季气温			
	测试室外	测试室内	计算室外	计算室内	测试室外	测试室内	计算室外	计算室内
平均	4.2	15.2	2.7	13.6	30.9	31.0	31.2	32.1
最高	18.3	38.4	14.1	34.8	53	53.7	53.5	58.9
最低	-5.6	6.6	-4.7	7.1	19	19.9	20	20.1

影响日光温室内气温的因素除温室自身结构、材料等外，室外天气条件对其影响最大。图 4.6-12 与图 4.6-13 分别为夏季及冬季晴天实测与计算参数日变化规律比较。气温的变化规律基本相似，大体上成正弦曲线，存在明显的日变化周期。晴朗天气时，6：00 日出之后，温度迅速升高，下午 14：00 以后温度迅速降低，至 20：00 以后又趋于平缓直至第二日 6：00。夏季晴天时，通常情况下温室内温度凌晨 5：00 左右最低，13：00 左右最高；室外温度通常在凌晨 6：00 左右最低。图 4.6-12 所示，实测温室内温度凌晨 5：00 最低，为 20.3℃，室外温度为 11.4℃，温室内比室外气温提高 8.9℃；温室内日较差为 29.1℃。

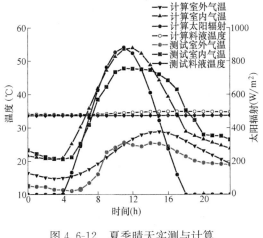

图 4.6-12　夏季晴天实测与计算
参数日变化规律比较

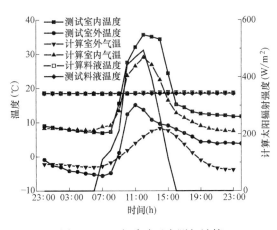

图 4.6-13　冬季晴天实测与计算
参数日变化规律比较

冬季晴天时如图 4.6-13 所示，该天实测室外日平均温度为 2.7℃，最低温度 -5.6℃，最高温度 17.1℃。温室内平均温度 15.9℃，最低温度为 6.9℃，最高温度 36.9℃。日光温室平均温度提高 12.6℃。温室内温度变化与夏季晴天温度变化趋势相同，气温在 7：00 左右达到最低，早晨揭开棉被后随着室外气温的上升及太阳辐射的增加，温度迅速增高，8：00～10：00 温升最快，达到 8～10℃/h，于 13：00 左右达到最高，之后快速降低，15：00 以后变化趋于平缓。太阳辐射对温室内气温的影响较为显著。

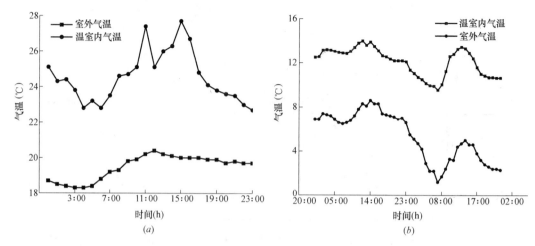

图 4.6-14　夏季及冬季阴雨天温室增温效果

　　阴雨天气时，全天温度波动较小，图 4.6-14（a）所示为实测夏季某日温室内外气温变化规律，室外 18.3～20.4℃，日较差 2.1℃；温室内 22.5～29.4℃，日较差 6.9℃；室外平均温度 19.4℃，温室内平均温度 24.6℃。冬季阴雨天气时如图 4.6-14（b）所示，第一日小雨至第二日多云两天室外温度和温室内温度逐时变化情况，室外光照弱，温度变化范围不大，室外最低温度为 0.7℃，于凌晨 7 时左右温度最低，而温室内最低温度 9.6℃。小雨日温室内平均温度为 12.9℃，温室外平均温度 7.3℃，增温 5.6℃。多云日室外平均气温 3.3℃，温室内为 11.3℃，增温 8.0℃。晴天时温室内日较差大于室外日较差，多云阴雨天气时则相反；温室内气温变化比室外气温更易受太阳辐射影响，太阳辐射强时，温室内温升较快；因室外气温受上下空气对流的影响，温室内减少了对流交换的热损失，辐射得热多用于气温提升，太阳辐射对温室内气温的影响大于对室外气温的影响。故日光温室在晴天时增温效果明显。

　　图 4.6-15 为全年发酵料液各月日均室外气温、室内气温、发酵温度及单位池容日产气量变化规律图，可以看出，温室内气温、发酵温度与室外气温有较好的正相关性，温室内气温比室外气温平均增温 12℃左右，发酵温度一般比温室内气温高 3～5℃，与气温相比有一定的温度波延迟，其中四月份发酵温度偏低是由于在本月夜晚不覆盖保温被，夜间外界气温较低所致。最冷的一月份发酵料液平均值为 17.0℃，最热月为 8 月份，达到 40.7℃。全年日平均发酵温度最大值为 41.4℃，最小值为 15.4℃，平均值为 29.5℃。5 月份发酵料液平均温度为 33.8℃。由于发酵料液的比热容较大，一日内的发酵料液温度变化范围较小。池容产气率在 1 月份最低，5 月及 10 月较高，而 6～9 月份有所降低是因为发酵温度在 40℃左右时产气速率较 35℃时下降，此期间可以给日光温室通风降温以提高产气速率。

　　图 4.6-16 为徐州太阳能集中沼气池与传统成都、长沙、杭州沼气池池温对比，可以看出，太阳能沼气池的增温效果良好。以往的建于地下的沼气池池温在夏季最高可以达到 26℃左右，太阳能沼气池最高则可以达到 40℃。在冬季太阳能沼气池比以往沼气池增温 6～8℃左右，保证了较好的产气速率，单位池容日产气量可以达到 0.5～0.7m³。

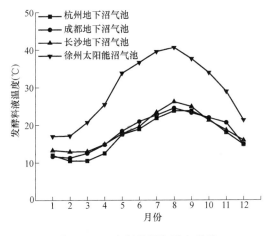

图 4.6-15　太阳能沼气池与传统
地下沼气池池温对比

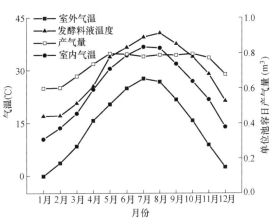

图 4.6-16　徐州太阳能沼气各月参数变化

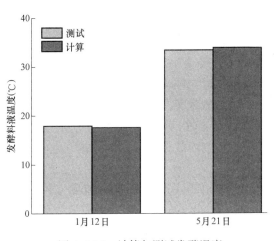

图 4.6-17　计算与测试发酵温度

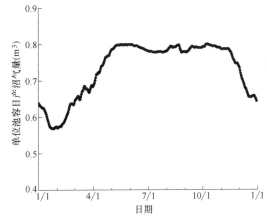

图 4.6-18　单位池容日产沼气量

图 4.6-17 为 2014 年 5 月与 2015 年 1 月测试与计算的发酵料液温度对比，在冬季最冷时期一月中旬发酵温度可以维持在 18.5℃左右，5 月中旬约 33～34℃。测试与计算误差冬季相差－2%，夏季相差 1%，具有较好的吻合性。图 4.6-18 为计算徐州地区太阳能沼气池全年 365 天单位池容日产沼气量，可结合上述方法用气需求计算不同规模村镇沼气建设规模。假如建设 300m³ 沼气池，则满负荷运行情况下，日产沼气量不少于 170m³。

4.7　太阳能干式发酵集中制沼工程施工要点

1. 一般规定

（1）太阳能干式发酵集中制沼工程施工前，施工单位应根据设计要求编制施工组织方案。

（2）太阳能干式发酵集中制沼工程的施工及验收应符合相关施工规程与标准的要求。

（3）应充分考虑各分项工艺的配合。

2. 发酵罐

发酵罐施工要点应包括以下部分：

（1）技术工艺人员根据设计图纸、技术标准及现场情况编制指导生产的专业制造、焊接工艺过程卡及检验工艺文件。

（2）对筒节的用料钢板需进行四边直线度和垂直度检查。

（3）锥体可采用分片成型后拼接成整体的工艺方法。

（4）发酵罐体纵缝可采用埋弧自动焊，环缝采用手工电弧焊。

（5）发酵罐罐体内部需进行抛光处理，外壁进行酸洗、钝化，有条件可采用兰点检查法进行试验。

（6）发酵罐安装完成后，应进行水压试验，水压试验完成后应进行防腐保护。

3. 输气管道

（1）太阳能干式发酵集中制沼系统对输气管总的要求是：具有足够的机械强度，即优良的抗腐蚀性、抗震性和气密性等。

（2）输送沼气的管道所用的管材有钢管、铸铁管、塑料管（聚氯乙烯硬管、聚乙烯管和红泥塑料管）。

（3）施工安装时，尽可能不要采用螺纹连接；塑料管粘接和焊接时，采用承插口。

（4）低压管网输送的最远距离在以发酵罐为中心半径为1km的范围内。低压管道直接与用户相连，而农村住房多为不规则分布，故低压管道为枝状管网和环状管网并存；低压管道可以沿街道的一侧敷设，也可以双侧敷设。当街道宽度大于20m、横穿街道的支管过多或输配气量大，而又限于条件不允许敷设大口径管道时，低压管道可采用双侧敷设；低压管道应按规划道路布线，并应与道路轴线或建筑物的前沿相平行，尽可能避免在高级路面的街道下敷设。

（5）为了排除输送管道中的冷凝水堵塞管道，管道敷设时应有一定坡度（不小于0.003），以便在低处设置排水器，将汇集的水排出。排水器的间距，可视水量和实际地形地貌而定。

（6）输配管道中可采用除焦抑制剂来防止结焦问题。

4.8 太阳能干式发酵集中制沼工程管理与检测

1. 一般规定

太阳能干式发酵制沼从设计、施工到运行应进行规范的管理和维护。

2. 日常管理

（1）加料和出料。沼气池正常产气后，还需不断地添加新料，清除旧料，才能确保不断产气供给使用。加料的多少根据加料频率决定；定期需要大出料一次，即搬出所有料渣，然后再重新投料发酵使用。

（2）发酵产气不好的池，要查看是否太稀或太浓，找出产气少的原因，采取相应措施处理。

3. 安全管理

（1）严禁明火接触贮气室。不能在池邻近烧火和试烧，烧坏导气管，引火入池引起爆炸。

（2）导气管道经过的地方，避免与易燃物品接触，防止漏气引起火灾。

（3）人和明火不能贸然进入沼气池内，以免引起事故。

4. 系统性能检验

（1）设备的外观质量、完好程度和运行情况。

（2）应使用在线仪表对发酵罐内液位、温度、pH 值、沼气压力等参数进行实时监控，保证发酵罐的稳定运行。

（3）气压表是否正常工作。

（4）管道、活动盖、连接裂缝处是否有漏气。

第5章 太阳能利用系统集散式控制技术

5.1 集散式控制系统基本原理

5.1.1 总控制系统基本原理

太阳能应用的集散式控制系统是指将两个或两个以上的太阳能应用系统联合起来，进行监控、管理和能源调配的控制系统。集散式控制系统指的是多机系统，即多台计算机分别控制不同的太阳能应用系统，各自构成子系统，各子系统间有通信或网络互连关系。从整个系统来说，在功能上、逻辑上、物理上以及地理位置上都是分散的。它的特点是各子系统间有密切的联系与信息交换，系统对其总体目标和任务可以进行综合协调与分配。其结构框图如图5.1-1所示，图中现场控制站、数据采集站、操作员站、工程师站、监控计算机、管理计算机与管理员站通过数据通信网被有机地结合起来，组成集散式控制系统。

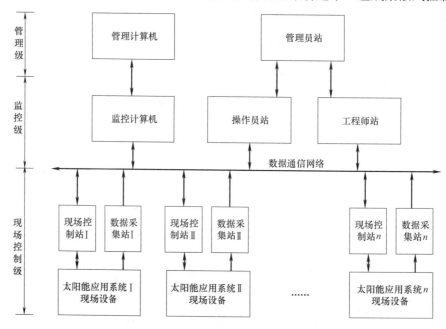

图5.1-1 太阳能应用集散式控制系统基本构成图

1. 现场控制与数据采集站

又称基本控制器或分站，用于控制太阳能应用系统现场设备，采用DDC控制器（Direct Digital Control 直接数字控制）。DDC本身具有较强的运算能力和较复杂的控制功能，可以独立进行就地控制。

数据采集站由感测器、输入通道和输出设备组成，主要作用是采集非控制变量并进行数据处理，所采集的过程数据仅用于显示、记录、分析处理和打印制表。

2. 操作员站

面向运行操作人员，由计算机、大屏幕显示器、操作控制台等组成。主要功能是为操作人员提供人机界面，使操作员及时了解现场运行状态、各种运行参数的当前值是否有异常情况发生等，并可通过输出设备（如鼠标器）对工艺过程进行控制和调节，例如需要对控制回路进行在线调整，启动或终止某个控制回路时，可通过显示器的模拟图形及调节按键来实现。该站的另一功能是对历史数据进行处理，调用历史数据库完成运行报表、历史趋势曲线等。用于完成上述功能的软件，包括图形显示、动态实时、数据刷新、报警显示、趋势显示、历史数据库存储、报表打印处理、事件记录打印和报警处理（含发出报警音响、弹出报警窗口、将报警信息计入文件、接受操作员的报警确定等）。

操作员站计算机的输出内容一般包括：

（1）工艺过程的模拟流程图（应标有关键数据、控制参数及设备当前的实时状态）。

（2）报警窗口（应含有诸如数值越限、异常状态等）。

（3）关键数据的常驻显示（在固定位置上显示）。

（4）实时趋势显示（如变化趋势曲线等）。

（5）检测及控制仪表的模拟显示。

（6）多窗口显示（在同一显示多个相关过程，以便了解相互影响及变化情况）。

（7）灵活的画面调用、切换、翻页及"热点"功能（即在画面上设有模拟按钮及特殊表示区域。当光标移至区域并单击光标控制键时，可以弹出一个窗口或切换到另一个画面）。

3. 工程师站

面向监督管理人员，可以采用通用微型计算机工作站，由于需要长期连续在线运行，可靠性要求较高，主要功能是对集散控制系统进行离线配置和组态。所谓"组态"，即组织、构成的意思。系统组态包括硬件组态和软件组态。硬件组态是指设计、选择和组成硬件系统的过程；软件组态是指为实现某种控制任务，以某种代码的形式选择程序模块，并加以连接，然后赋予各程序模块以必要的参数，组成具体控制系统也就是编制应用程序的过程。可见，在配置和组态之前的集散控制系统，只是一堆硬件、软件的集合体，对实际应用来说毫无意义。只有在经过对应用过程进行了详细透彻的分析、设计并按设计要求正确地完成了组态工作之后，集散控制系统才真正成为一个适于某个系统使用的应用控制系统。完成组态任务的工具软件称为组态软件，它为控制工程师提供了丰富的运算和控制模块，以及使用这些模块的简便方法，即人机对话的填表方式。一般采用窗口式菜单，首先将所需的模块调到显示器屏幕上，然后再按规定填写，即可生成期望的功能模块。当用户需要变更控制方案时，不必改变接线，只要重新组态即可。组态软件主要包括：

（1）硬件配置组态：定义集散控制系统中各种站的数量及其标识、参数。

（2）数据库生成：定义各个数据库点。

（3）历史库生成：定义需保留的各个数据点及保存方法。

（4）引用生成：定义有数据交换的各站，以建立通信连接。

（5）控制回路组态：定义各个控制回路，包括算法、流程、原始数据和结果输出等。

（6）梯形图组态：定义顺序控制或批控制的控制顺序和流程，以及进行各步操作的条件。

（7）控制算法语言组态：使用结构化文本语言编制特殊控制步骤和方法，以实现控制回路组态和梯形图组态难以实现的功能。

（8）各种定义文件的编译、连接和下装：作为现场控制器和操作员站在运行时使用的组态定义。

工程师站的另一功能是，对集散控制系统本身的运行状态进行监视，包括各个现场控制器的运行状态、各操作员站的运行情况、网络通信状态等。一旦发现异常，系统工程师必须及时采取措施，进行维修或调整以使系统能够长期连续运行，而不因对生产过程的失控造成损失。除此之外，还应具有对组态的在线修改功能，如上下限设定值的改变、控制参数的调节、对某个检测点或若干个检测点、甚至是对某个现场控制器的离线直接操作等。

4. 监控计算机

用来完成高级控制策略，综合现场控制器的数据，运用现代控制理论，通过最佳算法实现最优化控制或自适应控制，作出控制决策，指挥、协调各现场控制器，并将有关信息整理后向上级管理计算机汇报。

5. 管理计算机

可根据情况采用中型机或大型机，主要任务是收集各子系统信息，进行综合分析，完成管理、调度并作出决策，实现管理、控制一体化。

6. 管理员站

面向管理人员，可以采用通用微型计算机工作站，由于需要长期连续在线运行，可靠性要求较高，主要功能是对各个太阳能应用子系统的能源产生与消耗进行管理，并在各个太阳能应用子系统之间进行能源调配，实现太阳能利用率的最大化。

7. 数据通信网络

在现场控制与监控管理之间传输信息采用数据通信网络，根据传输媒体的不同，有有线数据通信与无线数据通信之分。但它们都是通过传输信道将数据终端与计算机联结起来，而使不同地点的数据终端实现软、硬件和信息资源的共享。

5.1.2 太阳能热水系统控制原理

太阳能集中热水系统主要由集热贮热循环系统、辅助系统、供水循环系统和控制系统组成，可实现 24h 或定时供应 45～55℃ 热水。目前，常用的太阳能热水系统主要有定温放水系统、自然循环系统、温差循环系统、定温放水＋温差循环系统、副水箱上水定温放水系统、定温分区供水系统以及定温管道循环系统七类。不同的太阳能热水系统，其控制系统的设计也不同。本书以带辅助加热的温差循环系统为例说明太阳能集中热水系统的控制原理，温差循环系统的构成如图 5.1-2 所示。在太阳光照条件下，在太阳能集热器的出水末端和储热水箱内均增加一个温度探头，采用控制器控制，通过设定温差控制功能，当太阳能集热器内的水温与储热水箱中的水温之差达到设定值时，控制器开始动作，控制启动热水循环泵，把太阳能集热器中的高温水和储热水箱中的低温水交换循环；当太阳能集热器中的水温与储热水箱中的水温之差低于设定值时，控制器开始动作，停止热水循环泵工作；如此不断循环，从而使整个储热水箱中的水温升高。

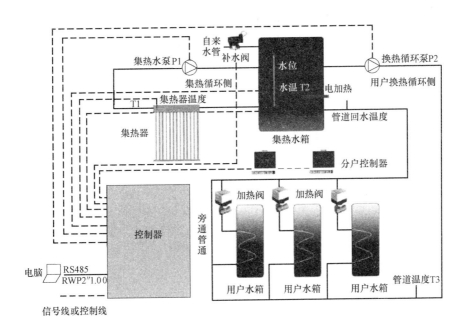

图 5.1-2　太阳能集中热水系统原理图

太阳能集中热水系统在运行时应考虑以下几点：

（1）如何确保热水供应在设定的温度范围内；

（2）当储热水箱装满太阳能产生的热水时，如何继续有效地利用太阳能；

（3）当太阳能产热水量不足时，如何启动辅助加热补充所需热水；

（4）如何最大限度地利用太阳能产生的热水，减少不必要的辅助加热，从而降低运行成本；

（5）如何解决室外集热系统的冬季防冻问题。

为解决上述问题，使太阳能热水系统稳定、可靠，其控制系统一般由温差集热循环、辅助加热、自动控温补水、防冻保护等控制模块组成，基本控制原理如下：

（1）温差集热循环：集热循环泵 P1 的启停由集热器温度和储热水箱的温度共同控制，通过温差跟踪控制循环方式自动保证系统最高效率，最大化采集太阳能量。一般情况下，当集热器出口水温 T1 大于集热循环泵 P1 最低运行温度时（10～50℃之间，一般可设置为 20℃），且 T1 与水箱内水温 T2 温差超过 8℃时，集热循环泵 P1 启动，水箱内的水与集热器换热后回到水箱，水箱内水温升高；当集热器出口水温 T1 与水箱内水温 T2 温差低于 2℃时，循环泵 P1 停止。

（2）辅助加热：辅助热源通常为燃气锅炉或电加热，当太阳能不足时，采用辅助加热模式，确保供水温度达到设定温度范围。当水箱内水温 T2 小于或等于水箱设定温度（一般设置在 60～95℃之间）10℃时，自动启动电加热，把水加热到设定温度加 5℃后停止加热。

（3）自动控温补水：当水箱内的水温 T2 大于 40℃时，且水箱的水未达到最高水位时，补水阀开启，启动控温上水；水箱的水温低于37℃时或水箱的水已达到最高水位时，补水阀关闭，停止上水。

（4）防冻保护循环：冬季室外温度过低时，启动防冻保护循环模式。太阳能集热系统通过防冻循环控制，利用温差控制循环泵及管路，保证室外集热系统冬季不被冻结。当集热器出口水温 T1 或管道水温 T3 低于防冻设定值时（一般为 3~10℃）时，系统进入防冻状态，集热循环泵 P1 和换热循环泵 P2 启动，水箱内热水进入管道；当集热器出口水温 T1 或管道水温 T3 均大于防冻设定值加 3℃时，循环泵 P1 和 P2 停止。

5.1.3 太阳能光伏系统控制原理

太阳能光伏发电系统主要包括：太阳能电池组件（阵列）、控制器、蓄电池、逆变器、用户用电负载等，系统构成如图 5.1-3 所示。其中，太阳能电池组件和蓄电池为电源系统，控制器和逆变器为控制保护系统，系统为负载终端。太阳能能量通过太阳电池组件转化为直流电力，再通过并网型逆变器将直流电能转化为与电网同频率、同相位的正玄波电流，一部分给当地负荷供电，剩余电力接入电网。

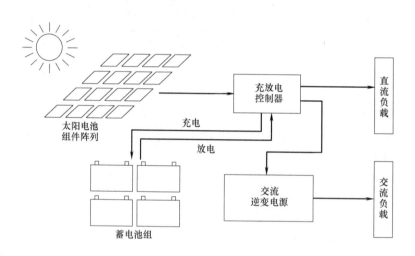

图 5.1-3 太阳能光伏系统组成原理图

光伏系统的性能好坏与控制器有着重大的关系。控制器主要控制蓄电池的充放电，在光伏系统能量转化中起着极其重要的控制作用，具有充电控制、放电控制以及过充电保护、过放电保护、过载保护反接保护等一系列保护功能。控制器需对太阳能光伏发电系统的运行情况和所处的外部环境情况进行检测，包括光强、温度、充放电电流、蓄电池电压等，从而控制整个系统充放电回路的状态，保证供电系统充放电合理，尽量减小对蓄电池的损坏，能在长期无人值守的情况下可靠地运行，配以输入、输出、显示、控制等外围电路，组成一个实用控制系统。

光伏控制器基本上可分为五种类型：并联型、串联型、脉宽调制型、智能型和最大功率跟踪型。目前光伏系统控制器一般采用最大功率追踪技术（MPPT），通过控制、改变太阳能电池阵列的输出电压或电流使阵列全天时、全天候最大效率地工作。该类控制器将太阳电池的电压 U 和电流 I 检测后相乘得到功率 P，然后判断太阳电池此时的输出功率是否达到最大，若不在最大功率点运行，则调整脉宽，调制输出占空比 D，改变充电电流，再次进行实时采样，并作出是否改变占空比的判断，通过这样寻优过程可保证太阳电池始终运行在最大功率点，以充分利用太阳电池方阵的输出能量。同时采用脉冲宽度（PWM）调制方式，使充电电流成为脉冲电流，以减少蓄电池的极化，提高充电效率。

一般太阳能光伏控制器具有以下几种充放电保护模式：

（1）直充保护点电压：直充也叫急充，属于快速充电，一般都是在蓄电池电压较低的时候用大电流和相对高电压对蓄电池充电，但是，存在一个控制点，也叫保护点，当充电时蓄电池端电压高于保护值时，应停止直充。直充保护点电压一般也是"过充保护点"电压，充电时蓄电池端电压不能高于这个保护点，否则会造成过充电，对蓄电池是有损害的。

（2）均充控制点电压：直充结束后，蓄电池一般会被充放电控制器静置一段时间，让其电压自然下落，当下落到"恢复电压"值时，会进入均充状态。所谓均充，也就是"均衡充电"。均充时间不宜过长，一般为几分钟～十几分钟，时间设定太长反而有害。对配备一块两块蓄电池的小型系统而言，均充意义不大。所以，路灯控制器一般不设均充，只有两个阶段。

（3）浮充控制点电压：一般是均充完毕后，蓄电池也被静置一段时间，使其端电压自然下落，当下落至"维护电压"点时，就进入浮充状态，目前均采用脉冲宽度调制（PWM）方式，类似于"涓流充电"（即小电流充电），电池电压一低就充上一点，一低就充上一点，一股一股地来，以免电池温度持续升高，这对蓄电池来说是很有好处的，因为电池内部温度对充放电的影响很大。其实 PWM 方式主要是为了稳定蓄电池端电压而设计的，通过调节脉冲宽度来减小蓄电池充电电流，这是非常科学的充电管理制度。具体来说就是在充电后期、蓄电池的剩余电容量（SOC）>80%时，就必须减小充电电流，以防止因过充电而过多释气（氧气、氢气和酸气）。

（4）过放保护终止电压：即蓄电池放电不能低于这个值，这是国标的规定。蓄电池厂家虽然也有自己的保护参数（企标或行标），但最终还是要向国标靠拢的。需要注意的是，为了安全起见，一般将 12V 电池过放保护点电压人为加上 0.3V 作为温度补偿或控制电路的零点漂移校正，这样 12V 电池的过放保护点电压即为：11.10V，那么 24V 系统的过放保护点电压就为 22.20V。目前很多生产充放电控制器的厂家都采用 22.2V（24V 系统）标准。

5.1.4 太阳能制冷与空调系统控制原理

太阳能空调系统在夏季利用太阳能作为主要能源，借助少量电能，为热能驱动式制冷机提供其发生器所需要的热水，从而达到制冷的目的，冬季则利用收集的太阳能提供采暖。目前发展比较成熟的系统包括太阳能吸收式制冷、太阳能吸附式制冷和太阳能除湿冷却空调系统，不同系统的控制原理也不同。本书以太阳能吸收式制冷系统为例，说明太阳能空调系统的控制原理。图 5.1-4 所示，该系统由太阳能集热器、燃气锅炉、储热水箱、吸收式制冷机、冷却塔、缓冲水箱、风机盘管等组成，其中燃气锅炉作为辅助热源，在太阳能资源不足或用户需求突然增加时启动产生热水。太阳能空调运行主要有以下两种模式：

（1）夏季制冷模式：太阳能集热器产生 85～105℃ 的热水，通过换热器加热储热水罐里的热水，由热水驱动吸收式制冷机产生 6～8℃ 的冷水，冷水储存在缓冲水箱里并通过循环水泵 P6 输送到风机盘管里，为建筑提供空调制冷。当太阳能资源不足或用户需求突然增加时，燃气锅炉启动产生热水，驱动吸收式制冷机产生冷水供给建筑物制冷。

（2）冬季采暖模式：吸收式制冷机停止运行，太阳能集热器产生 45～60℃ 的热水，过换热器加热储热水罐里的热水，热水通过循环泵 P6 输送到风机盘管里，为建筑提供空调采暖。当太阳能资源不足或用户需求突然增加时，燃气锅炉启动产生热水供给建筑物采暖。

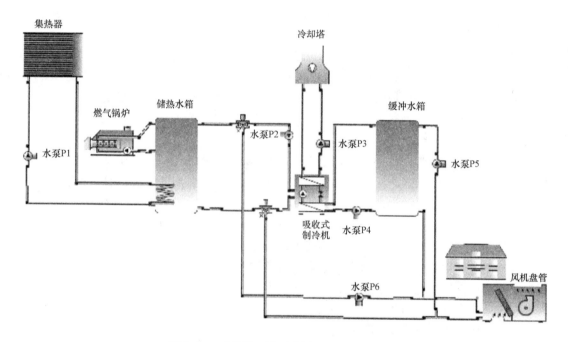

图 5.1-4 太阳能吸收式制冷空调系统原理图

控制系统是太阳能空调系统能否稳定运行的关键。通过控制系统集成和控制太阳能与其他能源的连接，实现无缝切换，优先利用太阳能，降低辅助系统启动的频率和运行时间，运行更加节能。同时控制系统可以自动控制各个组成设备的循环启动，通过实时温度与流量监测使所有设备的运行状态自动进行最佳的设置，避免热量损失并降低泵的电能消耗，使系统更加节能。

1. 太阳能空调与风冷模块联合系统的开发

由于太阳能存在着密度低、间歇性和随机性等缺点，因此，太阳能空调需要配置相应的后备能源，在太阳能资源不足的情况下启动，满足用户的制冷或采暖药企。当前的技术多采用辅助热源为吸收式制冷机提供其发生器所需的热水，比如废热、燃气、电等。然而，可以利用废热的情况并不普遍，而采用燃气则能耗高并伴随排放大量有毒废气，采用电源则是将高品位的能源转换为低品位的热能，能源利用率低。因此，针对现有技术的不足，宁波大学研究开发了一种能源利用率高、能耗低的太阳能空调与风冷模块联合系统，并获得了发明专利授权。

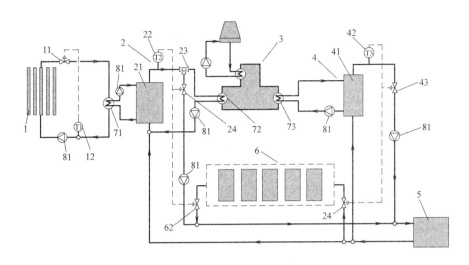

图 5.1-5　太阳能空调与风冷模块联合系统图

图 5.1-5 所示，太阳能空调与风冷模块联合系统，包括依次连接的太阳能集热器 1、热水循环管路 2、吸收式制冷机 3、冷水循环管路 4 和风机盘管 5，还包括风冷模块机组 6，太阳能集热器 1 的出水端设置有第一阀门 11 和第一温度传感器 12，太阳能集热器 1 与热水循环管路 2 之间通过第一换热器 71 相连，热水循环管路 2 与吸收式制冷机 3 之间通过第二换热器 72 相连，吸收式制冷机 3 与冷水循环管路 4 之间通过第三换热器 73 相连，热水循环管路 2 上设置有热水储罐 21 和 2 个循环水泵 81，冷水循环管路 4 上设置有冷水储罐 41 和一个循环水泵 81，热水储罐 21 的入水端与风机盘管 5 的出水端相连，冷水储罐 41 的出水端与风机盘管 5 的入水端相连，冷水储罐 41 的入水端与风机盘管 5 的出水端相连，风冷模块机组 6 的入水端与风机盘管 5 的出水端相连，风冷模块机组 6 的入水端设置有第二阀门 61，风冷模块机组 6 的出水端与风机盘管 5 的入水端相连，风冷模块机组 6 的出水端设置有第三阀门 62，热水储罐 21 的出水端与风机盘管 5 的入水端相连，热水储罐 21 的出水端与风机盘管 5 的入水端之间依次设置有第二温度传感器 22、三通阀 23、第四阀门 24 和循环水泵 81，第二温度传感器 22 分别与第四阀门 24 和第三阀门 62 相连，三通阀 23 分别与热水储罐 21 的出水端、第四阀门 24 和第二换热器 72 相连，冷水储罐 41 的出水端与风机盘管 5 的入水端之间依次设置有第三温度传感器 42、第五阀门 43 和循环水泵 81，第三温度传感器 42 分别与第五阀门 43 和第二阀门 61 相连。

其中吸收式制冷机 3 的回水温度的设计值为 6~12℃，该吸收式制冷机 3 可以为溴化锂吸收式制冷机。

在制冷模式下，太阳能集热器 1 产生 85~105℃的热水，第一换热器 71 加热热水储罐 21 里的热水，由热水驱动吸收式制冷机 3 产生 6~8℃的冷水，冷水储存在冷水储罐 41 里并通过循环水泵 81 输送到风机盘管 5 里，为建筑提供空调制冷。风冷模块机组 6 的启动与停止通过第三温度传感器 42 与第二阀门 61 控制，第三阀门 62 打开。当冷水储罐 41 的出水温度为 6~8℃时，此时太阳能资源充足，第五阀门 43 打开，第二阀门 61 关闭，满足建筑制冷需要的冷冻水全部由太阳能空调提供；当冷水储罐 41 的出水温度在 8℃与吸收式制冷机 3 设计的回水温度 12~14℃之间时，此时太阳能资源稍有不足，第五阀门

43 与第二阀门 61 同时打开，太阳能空调与风冷模块同时运行，为风机盘管 5 提供冷冻水；当冷水储罐 41 的出水温度高于吸收式制冷机 3 设计的回水温度 10～15℃时，此时太阳能资源较为不足，第五阀门 43 关闭，第二阀门 61 打开，满足建筑制冷需要的冷冻水全部由风冷模块提供。

在采暖模式下，关闭三通阀 23 使吸收式制冷机 3 停止运行，太阳能集热器 1 产生 45～60℃的热水，第一换热器 71 加热热水储罐 21 里的热水，热水通过循环泵 81 输送到风机盘管 5 里，为建筑提供空调采暖。风冷模块机组 6 的启动与停止通过第二温度传感器 22 与第三阀门 62 控制，第二阀门 61 打开。当热水储罐 21 的出水温度为 45～60℃时，此时太阳能资源充足，第四阀门 24 打开，第三阀门 62 关闭，满足建筑采暖需要的热水全部由太阳能空调提供；当热水储罐 21 的出水温度为 40～45℃时，此时太阳能资源稍有不足，第四阀门 24 与第三阀门 62 同时打开，太阳能空调与风冷模块同时运行，为风机盘管 5 提供采暖热水；当热水储罐 21 的出水温度低于 40℃时，此时太阳能资源较为不足，第四阀门 24 关闭，第三阀门 62 打开，满足建筑采暖需要的热水全部由风冷模块提供。

可见，在太阳能资源充足的情况下，建筑制冷或采暖时，优先使用太阳能；在太阳能资源不足的情况下，建筑制冷或采暖时，太阳能空调与风冷模块同时运行或风冷模块单独运行。在保证用户舒适度的前提下优先使用太阳能，大大降低了空调系统的能耗，能源利用率高。

2. 太阳能空调智能化控制系统的开发

宁波大学为主的研究团队自主开发的智能化控制系统具有夏季制冷和冬季采暖两种运行模式，可以集成和控制太阳能空调与备用系统（热泵机组或传统压缩式空调）的连接，实现太阳能与电能的无缝切换，优先利用太阳能，降低备用系统启动频率和运行时间，运行更加节能。在系统增加了相变储能装置以后，控制系统还集成了相变储能装置的自动热循环控制，实现了相变材料的自动蓄热和放热功能。该系统的集成与工作原理已申报了发明专利。

（1）夏季制冷模式

夏季制冷模式控制原理如图 5.1-6 所示，包括集热循环、制冷循环、锅炉热水循环与室内供冷循环。

1）集热循环

T1≥85℃时，水泵 P1 开启；

T1<80℃，水泵 P1 停止。

2）制冷循环

T2≥80℃时，P2 启动；

T2<70℃时，P2 停止。

3）锅炉热水循环

T2<80℃且风机盘管启动时，总控制柜给燃气锅炉信号，锅炉启动；

T2≥100℃或风机盘管停止时，总控制柜给燃气锅炉信号，锅炉停止。

4）室内供冷循环

风机盘管开启时，给总控制柜传输信号，控制水泵 P5 启动；

风机盘管停止时，给总控制柜传输信号，控制水泵 P5 停止。

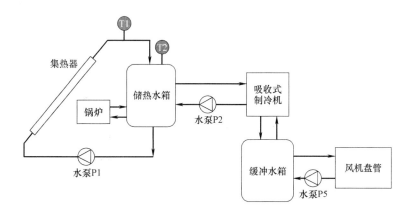

图 5.1-6　太阳能空调智能化控制系统夏季制冷模式控制原理图

（2）冬季采暖模式

冬季采暖模式控制原理如图 5.1-7 所示，包括集热循环、锅炉热水循环与室内供热循环。

1）集热循环

T1≥50℃时，水泵 P1 开启；

T1＜45℃时，水泵 P1 停止。

2）锅炉热水循环

T2＜45℃且风机盘管启动时，总控制柜给燃气锅炉信号，锅炉启动；

T2≥60℃或风机盘管停止时，总控制柜给燃气锅炉信号，锅炉停止。

3）室内供热循环

风机盘管开启时，给总控制柜传输信号，控制 P6 启动；

风机盘管停止时，给总控制柜传输信号，控制 P6 停止。

太阳能光热空调系统夏季制冷模式及冬季采暖模式其节能量计算如下所示：

（1）夏季制冷模式

夏季月平均辐照量（6、7、8、9 月份）：4.45×3.6＝16.02MJ/(m² · d)。

夏季集热器集热量：$Q_1 = 120 \times 16.02 \times 0.57 \times 0.85 = 931.40MJ$。经水箱内盘管后，每日可存储于水箱中的热量为 931.40/1.1＝846.73MJ。

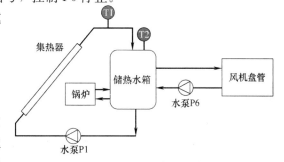

图 5.1-7　太阳能空调智能化控制系统
冬季采暖模式控制原理图

水泵功率：P1＝0.55kW；P2＝0.75kW；P3＝0.55kW；P4＝0.55kW；P5＝1.05kW；P6＝0.75kW；P7＝0.113kW。

溴冷机每天运行 4.5h 所需热量：35/0.7＝50kW（额定工况）。50×4.5＝225kWh＝810MJ。故按照夏季月平均日辐照量可维持溴冷机 4.5h 制冷工作时间。

该 4.5h 内，假定 P1、P2、P3、P4、P5 一直运行，则每天的水泵运行耗电量：(P1＋P2＋P3＋P4＋P5)×4.5＝3.45×4.5＝15.53kWh。

溴冷机运行 4.5h 的制冷量：$35 \times 4.5 = 157.5$kWh。与辅助热源冷暖型热泵制冷 $COP = 2.83$ 比较，则热泵用电量：$157.5/2.83 = 55.65$kWh 。

则每天太阳能空调机组夏季制冷运行（4.5h，不含热泵辅助）节电量：$55.65 - 15.53 = 40.12$kWh。

则夏季按 122d 计算：$40.12 \times 122 = 4894.64$kWh。

夏季每天制冷时间按 8h（白天）计算。假定平均溴冷机工作 4.5h，热泵工作 3.5h。制冷负荷按照 35kW 计算，则每天的总制冷量为 $35 \times 8 = 280$kWh。溴冷机工作 4.5h，耗电量估计 15.53kWh，制冷量 157.5kWh。热泵工作 3.5h，耗电量估计 49.28kWh，制冷量 122.5kWh，则每天（8h）耗电量：64.81kWh，制冷量 280kWh。其中太阳能制冷时，比热泵节电 40.12kWh。

$$40.12/(280/2.83) = 40.55\%$$

（2）冬季采暖模式

冬季月平均辐照量（12、1、2、3 月份）：$2.97 \times 3.6 = 10.69$MJ/(m² · d)。

冬季集热器集热量：$Q1 = 120 \times 10.69 \times 0.52 \times 0.80 = 533.64$MJ。经水箱内盘管后，每日可存储于水箱中的热量为 $533.64/1.1 = 485.13$MJ。

水泵功率：$P1 = 0.55$kW；$P2 = 0.75$kW；$P3 = 0.55$kW；$P4 = 0.55$kW；$P5 = 1.05$kW；$P6 = 0.75$kW；$P7 = 0.113$kW。

冬季总热负荷为 20kW。则 533.64MJ（148.23kWh）可满足约 6.5h 的太阳能采暖需求。

该 6.5h 内，假定 P1、P2、P4 一直运行，则每天的水泵运行耗电量：$(P1 + P2 + P4) \times 6.5 = 1.85 \times 6.5 = 12.02$kWh。

与辅助热源冷暖型热泵采暖 $COP = 3.20$ 比较，则热泵采暖用电量：$148.23/3.20 = 46.32$kWh 。

则每天太阳能空调机组冬季采暖运行（6.5h，不含热泵辅助）节电量：$46.32 - 12.02 = 34.3$kWh。

则冬季按 122d 计算：$34.3 \times 122 = 4184.6$kWh。

冬季每天采暖时间按 8h（白天）计算。假定平均太阳能采暖工作 6.5h，热泵工作 1.5h。采暖负荷按照 20kW 计算，则每天的总制热量为 $20 \times 8 = 160$kWh。太阳能采暖工作 6.5h，耗电量估计 12.02kWh，供热量 130kWh。热泵工作 1.5h，按照热泵产品制热额定输入功率 10.3kW 计算，耗电量估计 15.45kWh，供热量 30kWh。则每天（8h）耗电量：27.47kWh，供热量 160kWh。其中太阳能采暖时，比热泵节电 34.3kWh。

$$34.3/(160/3.20) = 68.6\%$$

按照太阳能光热空调系统的效率每年下降约 1.0%，其在寿命周期的节电总量为 165.33MWh，按照商业电价 1 元/kWh 计算，其年收益如图 5.1-8 所示，20 年运行周期的总收益为 16.53 万元。由于太阳能光热空调的初始投资比较高，增量成本为光伏空调的 2.8 倍，而且国家的新能源补贴仅针对分布式光伏系统，光热系统无任何补助，因此，当前小型太阳能光热空调系统（制冷功率小于 100kW）的投资回报期大于 20 年。然后，太阳能光热空调系统作为太阳能的高级综合利用形式，可以全年利用太阳能来提供夏季制冷、冬季采暖以及热水服务，仍然是未来值得大力推广的太阳能应用技术之一。而且，随着中高温集热器与小型溴化锂制冷机的产业化推广，该类系统的初始成本有望在不久的将来大幅度降低。

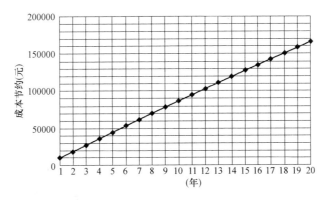

图 5.1-8　太阳能光热空调年收益与投资回报期（大于 20 年）

就当前情况而言，适用于安装太阳能光热系统的情况有以下两种：

（1）拥有大量余热和废热的用户。从太阳能光热空调系统的成本分析可以得出，太阳能集热模块的成本所占比例最大，为 43%，如果用户拥有大量的余热和废热，比如印染厂、纺织厂、造纸厂、钢铁厂等，可以利用余热和废热产生热水驱动溴化锂制冷机，则可以相应减少集热模块的面积，从而降低初始成本和投资回报期。

（2）制冷功率大于 500kW 的用户。制冷机与冷却塔以及控制系统所占的增量成本比例仅次于集热模块，分别为 23% 与 16%，然而，这部分的费用并不是随着制冷功率的增加而呈线性增长，而是增长较慢。例如制冷功率分别为 115kW、300kW、500kW 以及1000kW 的溴化锂制冷机的价格分别为 18.7 万元、32 万元、42 万元以及 64 万元。根据项目组初步估算，当制冷功率大于 500kW 时，采用太阳能光热空调系统的经济性比较好。

为了对太阳能光伏空调系统与太阳能光热空调系统进行技术经济效益对比，首先设置了一个参照系统，该系统为两台空气源热泵与对应的风机盘管、管线等配件，热泵的型号：LPR-32 IID（DU），额定制冷量 23.8kW，额定制热量 32kW，数量 2 台。两套系统的增量成本见表 5.1-1。

太阳能光伏空调系统与太阳能光热空调系统相对参照系统的增量成本　　表 5.1-1

	光伏空调系统（元）	光热空调系统（元）
PV 模块(含安装)/集热模块(含安装)	134607	252500
并网逆变器	32188	—
配电器	7725	—
吸收式制冷机与冷却塔	—	133800
蓄热与蓄冷系统	—	45000
控制系统	22240	96000
线缆（含安装）/管道、水泵、阀门及热交换器等（含安装）	9188	58000
总额	205948	585300

太阳能光伏空调系统的增量成本如图 5.1-9 所示，其中光伏组件所占成本比例最大，为 65%。太阳能光热空调系统的增量成本如图 5.1-10 所示，其中集热管模块所占比例最大，为 43%，其次为吸收式制冷机与冷却塔及控制系统，分别为 23% 与 16%。

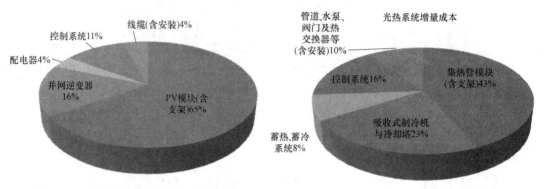

图 5.1-9　太阳能光伏空调增量成本组成　　图 5.1-10　太阳能光热空调增量成本组成

两套太阳能空调系统均按照 20 年寿命计算其平均收益与投资回报期。其中，太阳能光伏系统的效率每年下降约 0.8%～1.0%，其在寿命周期内每年的发电量如图 5.1-11 所示，在 20 年使用周期内的总发电量为 408.98MWh。按照商业电价 1 元/kWh 计算，国家分布式光伏发电按 0.42 元/度补贴，可得出图 5.1-12 所示的年收益。到第 7 年总共可收益 215202 元，其增量成本为 205948 元，由此可见，太阳能光伏空调系统的投资回报期约 7 年。

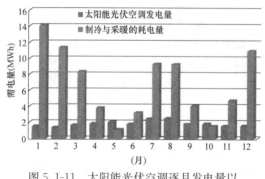

图 5.1-11　太阳能光伏空调逐月发电量以
及建筑制冷与采暖所需电量

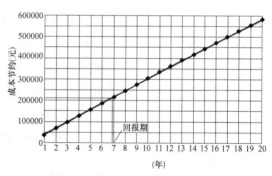

图 5.1-12　太阳能光伏空调年收益
与投资回报期

5.2　集散式控制系统概述

本控制系统在设计过程中首先考虑系统的功能性，并从先进性、可靠性、实用性、经济性等几方面进行综合衡量，此外还结合扩展性、可升级、标准化、系统集成等以后的发展趋势等方面，制订出较合理的控制方案。

系统能够实现对太阳能综合利用项目的数据监测与分析功能。通过 Web 方式对数据进行发布，实现数据远程监测功能，并且在太阳能应用系统运行不正常或者出现故障时发送报警。

系统还具有管理功能，通过特定的算法实现热水、电能在系统之间的调配，形成对太阳能集热系统的阵列、循环等的统一控制、管理，并使整个工程的运转情况达到最优，并具备数据采集、展示、历史数据收集、分析等功能。其中，电能的调配通过并网实现，热水调配控制逻辑如图 5.2-1 某项目为例，具体分为：

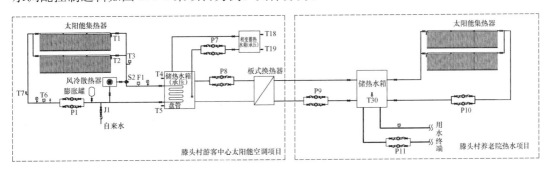

图 5.2-1　热水调配控制逻辑

（1）夏季

工作日：T4≥94℃且 T30<55℃时，水泵 P8、P9 启动；T4<90℃或 T30≥60℃时，水泵 P8、P9 停止。

周末：T4≥85℃且 T30<55℃时，水泵 P8、P9 启动；T4<80℃或 T30≥60℃时，水泵 P8、P9 停止。

（2）春秋季

T4-T30≥10℃时，水泵 P8、P9 启动；T4-T30<5℃时，水泵 P8、P9 停止。

（3）冬季

工作日：T4≥61℃且 T30<47℃时，水泵 P8、P9 启动；T4<57℃或 T30≥52℃时，水泵 P8、P9 停止。

周末：T4≥57℃且 T30<47℃时，水泵 P8、P9 启动；T4<52℃或 T30≥52℃时，水泵 P8、P9 停止。

5.2.1　系统构成

1. 硬件架构

系统由控制系统、网络及远程监控等多个部分组成。

系统的控制器通过各自的方式采集过程信号与参数，经过逻辑运算实现各自工艺流程的自动控制与过程量检测报警等功能，并通过网络将所有数据传输至远程监控平台服务器。HMI 通过远程监控平台的 Web 发布来实现，可以完成整个系统的集中监控、数据记录与报表打印等功能。

控制器与本地监控用工控机通过以太网或者串能通信连接，实现数据交互。工控机安装有监控软件，并具有数据上传的功能。自动控制系统结构如图 5.2-2 所示。

整个系统在网络方面分为两层架构，局域网层架构用于现场数据的传输，主要功能为将控制器的数据传送至本地监控站，并把操作员下发的操作指令传送至现场设备。

广域网层主要用于实现远程监控。通过与本地监控站的广域网数据连接，将数据远程

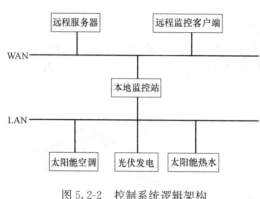

图 5.2-2　控制系统逻辑架构

发送至服务器，从而实现数据的远程可视化。

2. 模块组成及功能

（1）计算机及监控软件

计算机一台，监控软件一套，用于监控整个系统的工作状态，故障报警，并且可以用于曲线趋势显示，包括太阳辐照、COP 值、节省电量等。此外软件还可以进行收集历史数据，以便今后提升改进工作和科学研究。

（2）网络设备

主要有交换机、串口服务器、GPRS DTU、光纤收发装置等。

交换机：用于连接网络。

串口服务器：用于串口设备的远程连接。

GPRS DTU：用于数据的无线传输。

光纤收发装置：用于距离较远的网络连接。

3. 软件配置

系统所应用软件主要为控制系统的逻辑程序，同时包括 HMI 画面和远程监控所需要的应用软件。具体软件配置见表 5.2-1。

软件配置表　　　　　　　　　　　　　　　　表 5.2-1

序号	名称	版本	补丁	备注
1	Windows 7	—	—	操作系统
2	Advantech WebAccess	8.1	—	HMI 软件

5.2.2　功能设计

系统需要完成对太阳能综合利用系统的监测、控制、报警与记录，实现自动化控制。控制系统包括太阳能空调监控系统、光伏发电监控系统、太阳能热水监控系统，能够实现远传功能。

1. 各子系统运行状态显示：要求动态显示各子系统机组运行情况，界面显示以下数据：

（1）当前太阳能辐照显示：辐照度，形成曲线图；

（2）总节能量：按照集热系统能量计算；

（3）减排量：按照总节能量，CO_2 减排量；

（4）制热量、制冷量、发电量、热水供应量（具体取决于各子系统控制器所能采集和计算出的参数）；

（5）其他显示量及曲线。

运行数据采集周期为 1min，显示界面为运行数据。存储至趋势记录中的数据可以根据实际需要调整采集频率。

2. 安全控制策略

系统故障时发出报警以提醒操作人员注意。

3. 报警记录

记录一定时间范围内的所有报警信息，并且可以方便灵活地进行查询。

4. 趋势记录

本系统的趋势记录功能可以对系统运行中的各种状态参数构造历史趋势，供操作人员调阅和分析，一般参数的趋势采样周期为 1min，储存时间为 1 周，实际使用中可根据具体要求进行调整。对于一些变化比较快的参数，采样周期根据实际情况进行修改。

5. 操作权限

操作权限根据用户登录信息来确定。操作员具有优先操作权，不仅可以监控运行数据还可以控制设备启停等；管理员可以监控运行数据并对数据进行修改和远程操作；一般用户只具有监控运行数据的权利。

6. 能源调度

系统根据 3 个子系统的运行情况进行能源的调配与调度。太阳能空调与太阳能热水项目之间根据实际使用情况进行热水的互相补充；太阳能光伏发电可供太阳能空调和热水两个项目来使用。这部分功能可在对系统运行数据进行详细分析之后，通过特定的算法得出一定的逻辑关系，由系统发出指令控制现场设备运转。

5.2.3 HMI 设计

1. 画面元素规约（表 5.2-2）

画面元素规约

表 5.2-2

元素类型	元素项目	颜色定义	元素应用效果
标题类	画面名称	黑色固定	监控画面
	表头	黑色固定	
	背景色	灰色	
数据类	项目名称	黑色固定	称重数据
	重要数据显示值	黑底绿色数值	0
	基本数据显示值	白底黑色数值	0.00
	单位	黑色（国标）	cm
	设定值	白底蓝色值稳定	0
	过程值正常时	白底黑色值动态	0.00
	过程值超限报警时	黄色闪烁	○ ○
	过程值超限连锁时	红色闪烁	● ○

元素类型	元素项目	颜色定义	元素应用效果
机械设备动作状态	机械设备运行	红色	
	机械设备停止	灰色	
	限位到位	红色	
	限位未到位	灰色	
	超限报警限位	黄色闪烁	
	连锁报警限位	红色闪烁	
	抱闸开	红色	
	抱闸关	灰色	
阀门设备	阀门开运行	红色闪烁	
	阀门关运行	绿色闪烁	
	阀门开到位	红色	
	阀门关到位	绿色	
	阀门开/关故障	黄色闪烁	
电机、刀闸、变频器等电气设备动作状态	运行	绿色	
	停止	灰色	
	报警	黄色闪烁	
	故障	红色闪烁	
按钮、指示灯等电气设备动作状态	启动(按下→弹起)	绿色→灰色	
	停止(按下→弹起)	红色→灰色	
	急停按钮未动作	灰色	
	急停按钮动作	红色闪烁	
	故障	红色闪烁	
	报警	黄色闪烁	

2. 画面功能设置

该部分监控画面包括：

（1）监控系统主画面：本画面主要显示工艺总流程和各工艺参数。画面直观显示太阳能集热系统的工艺流程、设备运转状态、温度、流量、水位等过程参数及用热量的统计信息等，用户可以通过系统菜单方便地调阅不同的监控画面。

各设备图标也是电控设备操作子画面的链接，通过点击图标，调出相应电控设备操作子画面进行操作。

（2）设备监控子画面：本画面主要显示各电控设备的状态并可以对其进行操作监控。

（3）故障诊断画面：故障诊断画面共 1 幅，记录显示系统所有设备的当前故障状态及停止原因。

（4）过程报警监控画面：系统报警画面，用于各报警量的报警记录。

（5）操作记录画面：系统操作记录，用于各设备及参数的操作记录。

（6）实时、历史趋势画面：系统趋势画面，各检测量的实时历史数据记录。

当传输网络临时故障时，数据采集器可将采集到的数据临时保存在存储单元中。在网络中断期间，数据采集器会定期监测网络状态，一旦发现网络连接成功，将主动把本地存储的数据重新上传到显示平台。

第6章 案例介绍

6.1 太阳能干式发酵制沼系统技术试点应用

6.1.1 工程概况

示范镇工程位于江苏省徐州市贾汪区江庄镇。2015年8月，江苏省发改委、江苏省农委下达农村沼气工程项目中央预算内投资计划，徐州市贾汪区获批建设规模化大型沼气工程项目，即"贾汪区集供式秸秆粪便太阳能沼气循环利用工程项目"。该项目由徐州市环能生态技术有限公司承担并于2016年4月开始建造。2016年12月建设完成，建成太阳能厌氧发酵罐三座共4000多立方米，湿式贮气柜两个计2400m³，太阳能温室三栋共1980m²；安装了脱硫、脱水、计量等仪表和江庄镇区居民沼气管网、表、灶及沼气锅炉。工程总投资1400万元。

图 6.1-1 示范工程效果图

项目建成并投入使用，可日处理秸秆21t、粪便40t；可日产沼气4600多立方米，年产沼气约160多万立方米。沼气可向江庄镇区约4600户居民、机关单位、饭店和沼气浴池等集中供应。由于该工程采用干式发酵技术，预计可年消化秸秆粪便8000多吨，生产秸秆生物有机肥5000余吨，具有良好的经济、能源、生态、环保和社会效益。工程效果图如图6.1-1所示。

该项目在实施过程中，主要采用干式秸秆粪便太阳能沼气发酵技术应用示范，解决了目前广泛推广的沼气工程沼气液肥数量大，不便处理等难题，且提高了沼气池产气效率；创新了投资、设计、建造、管理和供气的"五位一体"沼气推广新模式，能确保沼气工程建造一处、管好一处、使用一处。该示范工程的成功建造，将使秸秆太阳能沼气技术在解决广大农村秸秆禁烧、开发新能源和种植绿色粮菜保障食品安全等新农村和小城镇建设中发挥更大作用。

6.1.2 工程设计

本示范工程采用太阳能温室辅助集中制沼系统，使用的秸秆太阳能沼气循环利用技术是把大中型沼气技术、日光温室技术和产业化种植技术有机结合，以农作物秸秆为原料，以保证全年高效产气为前提，以提高秸秆沼气工程的经济、能源、环保和社会效益为目的

146

一种新型秸秆沼气集中供气新技术。目前已有案例在徐州地区运行使用近 4 年，效果良好。与传统的沼气项目不同，太阳能沼气池使用了高效的太阳能吸热、加热技术，能够全年高效均衡产生沼气，满足居民全年使用。实现秸秆、畜禽粪便与太阳能的综合利用，其流程包括：秸秆粉碎、预处理、日光温室保温、太阳能沼气池增温、生产沼气、供应居民用气、沼液种植葡萄、秸秆沼渣种植白色双胞蘑菇，具体如图 6.1-2 所示。

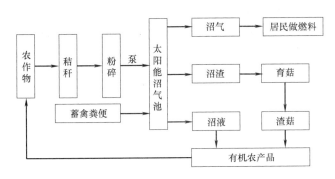

图 6.1-2　秸秆太阳能综合利用流程图

　　图 6.1-3 为日光温室与太阳能沼气池罐体物理外形示意图。太阳能沼气池为卧式钢制罐体，直径 5～6m。太阳能发酵罐的结构除罐体外主要还包括支座、入料口、出料口、人孔、搅拌器等，支座及小部分罐体埋于土壤中，进料及出料均有泵泵入泵出。

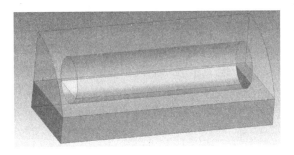

图 6.1-3　日光温室与发酵罐物理外形

主要应用技术包括（图 6.1-4）：

　　　　(a)　　　　　　　　　　　(b)　　　　　　　　　　　(c)

图 6.1-4　应用技术示意

147

1. 卧式秸秆太阳能沼气池建造技术

太阳能沼气池采用的是拼装卧式生产技术，和目前推广的拼装立式秸秆沼气池建造技术相比技术要求更高、施工难度更大。

发酵罐设计为圆筒状，横置，强度大，不易损坏。结构设计满足强度要求，并按照最不利组合设计钢板的厚度、螺孔的大小及数控加工技术。

秸秆太阳能沼气池的施工将卧式焊接工艺和卧式拼装工艺相结合。在沼气池罐体上喷涂黑色太阳能选择性涂料，吸热能力强，实现利用太阳能为沼气池增温的目的；另一方面采用日光温室为沼气池增温、保温。

2. 推广使用农户用气智能管理技术

在每个农户家中安装智能型沼气流量表，沼气用户使用农作物秸秆换气或者用现金购气预存在 IC 卡上，插入智能型沼气流量表中，即可用气，待卡上预存的气用完后，需要继续充值才能使用，既免去了逐户查表收费的工作量，同时又避免了用户恶意欠费的现象。

6.1.3 工程施工

根据江苏省发改委下发的苏发改投资发［2015］901 号文件，2016 年 1 月召开项目实施方案专家评审会，对示范工程实施方案进行综合评审。2016 年 4 月开始正式施工（图 6.1-5）。

1. 基础施工。由于该项目规模较大，基础必须满足单个池容 1400m³ 的强度要求，故沼气池基础采用 C30 钢筋混凝土。

2. 太阳能沼气池施工。太阳能沼气池设计为卧式，采用碳钢焊接技术。沼气池直径为 7m，长度为 38m，1/3 埋于地下。沼气池设由进料口、出料口、排渣口、搅拌器、出气口和人孔等。沼气池建好后经过严格的试水、试气后投料接种启动产生沼气。

3. 沼气管网及表灶的施工。沼气管网采用燃气管网，沼气表采用智能表，其他各项招标应满足国家沼气供气标准。

6.1.4 工程测试与数据分析

为了深入了解示范工程中太阳能日光温室对于强化秸秆粪便发酵的作用，于 2016 年 10 月底至 11 月中旬对示范工程当地太阳辐射、太阳能温室的热工性能、温室内热环境、发酵罐发酵温度进行了现场测试。主要测试内容包括：（1）太阳能日光温室热工性能测试；（2）三个太阳能干式发酵工程温室热环境测试，包括室外气温、温室内气温、连续测试 10d 以上；（3）徐州示范工程现场太阳辐射连续测试 15d 以上；（4）发酵罐发酵温度连续测试 15d 以上。

测试依据主要包括：《采暖通风与空气调节工程检测技术规程》JGJ/T 260—2011、《绝热　稳态传热性质的测定　标定和防护热箱法》GB/T 13475—2008、《总辐射表》GB/T 19565—2017 等。测试仪器见表 6.1-1。

1. 太阳能日光温室薄膜热工性能测试

（1）太阳能日光温室构造

太阳能日光温室构造如图 6.1-6 所示。

图 6.1-5 施工现场

（a）方案评审；（b）基础施工；（c）沼气池施工；（d）管道表具施工 1；（e）管道表具施工 2；

（f）太阳能薄膜；（g）脱硫装置；（h）沼气供应

测试仪器 表 6.1-1

仪器名称	型号及名称	规 格
数字式温湿度计	HM34	$0\sim50℃/0\sim100\%$
温湿度自记仪	WSZY-1	温度：$0.1℃$，湿度：$0.1\%RH$
总辐射表	TBQ-2	$0\sim2000\ W/m^2$
红外温度测试仪	DT-8550	$0.1℃$
智能型多参数环境测试仪	KANOMAX MODEL 6422	$0\sim60℃$；$0.1\sim30m/s$；$2.0\%\sim98.0\%$
双平板导热系数测定仪	—	$(0.001-2.000)W/(m·K)$
多通道专用建筑围护结构传热系数现场检测仪	JTNT-A	—

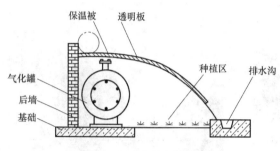

图 6.1-6 日光温室结构图

（2）太阳能日光温室薄膜热工性能测试

日光温室围护结构主要由砖墙、保温膜构成。薄膜材料取样进行实验室测试。薄膜透射率与反射率主要是采用光谱测试分析仪进行测试。

光谱分析仪按照波段不同划分为：紫外—可见光分光光度计、红外分光光度计；按测试原理不同划分为：单色仪分光光度计和干涉型光谱测试系统。

单色仪型分光光度计原理如图 6.1-7 所示。

图 6.1-7 单色仪型分光光度计原理

1）光源：稳压电源、可见（钨丝灯或卤钨灯）、紫外（氙灯）、红外（卤钨灯）。

2）照明系统：光束整形与会聚。

3）单色仪：由色散原件、狭缝机构以及色散原件的扫描驱动、光栅和棱镜。

4）光电传感系统：由光电探测器和处理电路组成。

5）可见光电接收器：光电三极管、光电倍增管、CCD。

6）红外光电接收器：硫化铅光敏电阻、红外半导体传感器或热电偶。

7）参考光和主光束：分别被探测器接收。

8）透射率：两信号相除（图 6.1-8）。

9）测试前要进行系统光谱校正。V-W 型测试（图 6.1-9）：参考样品先放于位置 a 处，测试信号 I_1；测试样品放于 b 处，测试信号 I_2，则 $R=(I_1 I_2)^{1/2}$。

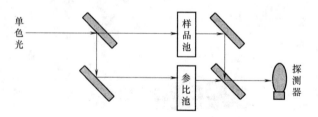

图 6.1-8 双光路光谱分析仪测透射率原理图

测试步骤分为三步：一般光谱仪开机后要进行初始化；进行样品测试参数设定；放置样品，进行测试。

导热系数测量原理：双平板导热系数测定仪采用高精度 PT100 温度传感器、进口电子器件组成的高精度电路与 PC 相结合。达到数据采集、处理、存储等功能全部自动化。

2. 太阳能日光温室砖墙热工性能测试

为提高被测围护结构两侧的温差，在夏热冬冷地区和夏热冬暖地区采用热箱法。控温箱—热流计法是将热流计法和热箱法相结合，用热流计测量通过砌体的热流密度，用恒温箱来保证砌体内外温差，根据热流计法的计算原理来计算砌体的热工性能，能做到测试不受测试环境温度条件的限制，在任何季节都能开展工作。

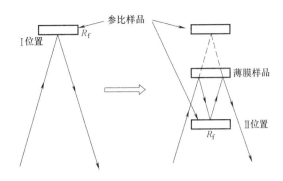

图 6.1-9　V-W 型光路测反射率原理图

控温箱—热流计法的测试原理和数据计算方法与热流计法相同，主要区别是测试环境。热流计法测试时墙体两端均是自然采暖时的室内外温度环境；控温箱—热流计法测试时用控温箱控制温度，模拟采暖期建筑物的热工状况，一端是人工控温温度环境，另一端是自然温度环境。控温箱是一套自动控温装置，可根据测试者的要求设定温度，来模拟采暖期建筑物的热工特征。采用先进的 PID 调节方式控制箱内温度，实现精确稳定的控温，能够满足《建筑物围护结构传热系数及采暖供热量检测方法》GB/T 23483—2009 中测试墙体时对内外表面温差的要求。

3. 测试结果与分析

（1）太阳能温室室内外温度测试分析

参照舒适性空调房间对温室进行布点。共测 2 点，居室对角线三等分，其两个等分点作为测点；高度离地 1.5m 区域。太阳能温室室内外温度测试结果如图 6.1-10～图 6.1-12 所示。

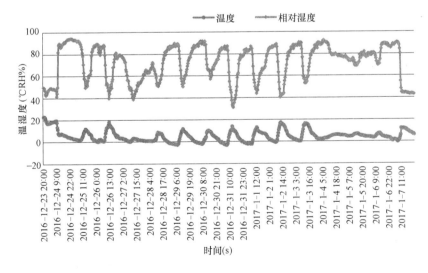

图 6.1-10　太阳能温室室外温度测试结果

（2）太阳辐射强度测试分析

在太阳辐射不被遮蔽的开阔处，水平安装好天空辐射表。测试现场图如图 6.1-13 所示。

单日水平面太阳辐射强度测试结果见表 6.1-2。

室外太阳辐射连续测试结果如图 6.1-14 所示。

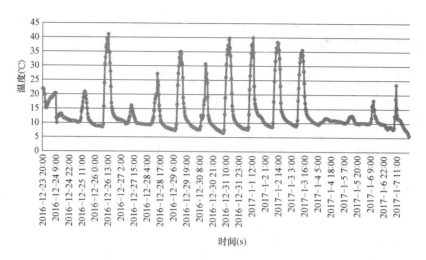

图 6.1-11　1 号太阳能温室室内温度测试结果

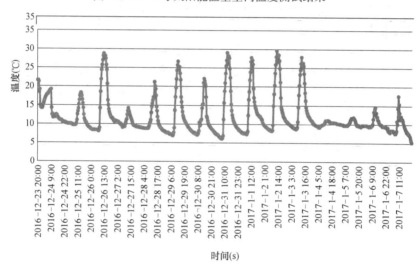

图 6.1-12　2 号太阳能温室室内温湿度测试结果

(a)　　　　　　　　　　　　　　　(b)

图 6.1-13　太阳总辐射测试仪器及测试现场图片

<table>
<tr><td colspan="2" align="center">徐州示范工程单日水平面太阳总辐射强度</td><td align="right">表 6.1-2</td></tr>
</table>

12月27日	时间	8	9	10	11	12	13	14	15	16	17
	总辐射（W/m²）	40	186	331	430	476	462	392	271	116	3
12月29日	时间	8	9	10	11	12	13	14	15	16	17
	总辐射（W/m²）	40	195	348	457	513	507	441	323	164	20

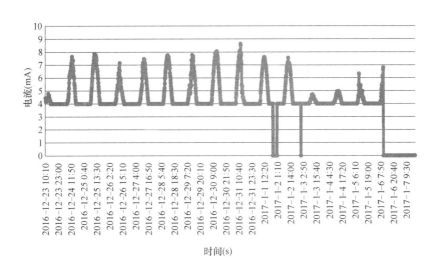

图 6.1-14　室外太阳辐射电流测试结果

（3）发酵温度测试

在发酵罐表面选择 3 个测点，其中 1 号测点位于发酵罐上部，2 号测点位于发酵罐下部，3 号测点位于发酵罐中部，分别连续测试温度，测试现场如图 6.1-15 所示。

（a）　　　　　　　　　　　　　　　　（b）

图 6.1-15　发酵温度测试

测试结果如图 6.1-16 ～图 6.1-18 所示。

（4）太阳能温室薄膜热工性能测试

测试结果见表 6.1-3。

（5）太阳能温室砖墙热工性能测试

测试结果见表 6.1-4。

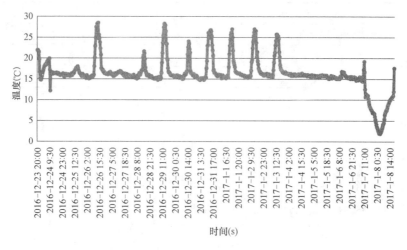

图 6.1-16　发酵罐 1 号测点温度测试结果

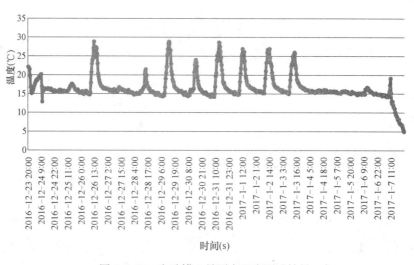

图 6.1-17　发酵罐 2 号测点温度测试结果

太阳能温室薄膜热工性能测试结果　　　　　　　　　　表 6.1-3

试件	透射率	反射率	导热系数 W/(m·k)
样品 1	85%	13%	0.07
样品 2	82%	16%	0.05
样品 3	87%	11%	0.07
平均值	84.67%	13.33%	0.063

太阳能温室砖墙热工性能测试结果　　　　　　　　　　表 6.1-4

地区	测试工况	外墙主体部位传热系数[W/(m²·K)]
徐州	工况 1	1.64
	工况 2	1.65
	工况 3	1.58
	工况 4	1.72

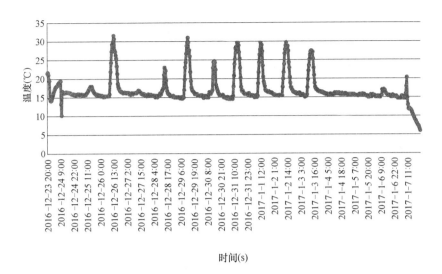

时间(s)

图 6.1-18 发酵罐 3 号测点温度测试结果

6.1.5 太阳能干式发酵制沼系统太阳能利用评估

1. 太阳能利用率分析

根据示范工程实测数据和前述理论分析，本示范工程全年日平均池容产气率可以达到 $0.76m^3/(m^3 \cdot d)$，如果不采用太阳能薄膜增温，冬季和夏季产气率会明显降低，全年日平均池容产气率可以达到 $0.49m^3/(m^3 \cdot d)$，全年产气率提升可达 55.1%。而且根据徐州地区的典型年逐时气象参数，冬季有 80 多天无法正常产气供气，通过太阳能薄膜增温技术，可以保证全年每个季节都稳定供气。

2. 太阳能气候适应性评价指标体系在示范工程的应用评估

根据课题组在研究报告中提出的太阳能秸秆沼气气候适应性评价指标体系，对本示范工程所处的徐州地区进行评价。为反映徐州地区在长三角地区的适应性情况，课题组搜集了《长三角城市群发展规划》中所列出主要城市的太阳辐射量、室外逐月平均气温、农作物资源量以及人畜粪便量等信息，并按照指标体系方法进行打分。但由于本工程中应用了太阳能日光温室进行增温，故室外逐月平均气温的影响性有所削弱，故对原体系中的室外逐月平均气温打分方式进行修正，将原方式中的正向指标计分方法修改为气温项基本分（100 分）乘以月平均温度大于 0℃的月份占全年 12 个月的比例，得到表 6.1-5 所示的气候适应性评价分数表。

从表 6.1-5 可以看出徐州通过太阳能干式发酵制沼气气候适应性评价体系计算后处在长三角地区的第 9 位，处于中上水平，按照其分数大小可以归为次适应区（小于 60 大于 30），所以该示范工程所在的徐州较为适宜发展该项技术。而通过计算评判得到盐城、南通、滁州、扬州等地得分更高，更加具有发展该项技术的潜力。

6.1.6 总结与建议

通过对徐州地区太阳能集中发酵沼气系统示范工程进行实地调研及现场测试，结果表明：

155

太阳能干式发酵制沼气候适应性评价分数表　　　　　表 6.1-5

次序	地区	分数	次序	地区	分数	次序	地区	分数
1	盐城	79.63	10	嘉兴	54.81	19	金华	51.50
2	南通	66.58	11	镇江	54.55	20	绍兴	50.96
3	滁州	66.09	12	上海	54.27	21	宣城	50.16
4	扬州	62.44	13	常州	54.07	22	马鞍山	49.50
5	泰州	59.28	14	苏州	53.93	23	杭州	48.97
6	合肥	57.17	15	无锡	52.23	24	台州	48.55
7	安庆	56.94	16	湖州	52.12	25	池州	48.40
8	宁波	55.84	17	南京	51.97	26	铜陵	47.89
9	徐州	55.77	18	芜湖	51.85	27	舟山	47.40

（1）夏季温室室内温度最高可达 53℃左右，最低 19℃左右，平均 30.9℃。室外平均气温 20.2℃，平均增温 10.7℃。冬季日光温室内气温为 6.6～37.7℃，平均气温为 15.2℃，室外气温-5.6～18.3℃，平均气温为 4.2℃，日光温室增温 11.0℃。太阳辐射对温室内气温的影响较为显著，阴雨天时，增温效果较差。

（2）夏季发酵温度可达 34℃，池容产气量可达到 $0.8m^3/(m^3 \cdot d)$ 以上；冬季最冷时期 1 月中旬发酵温度仍然可以维持在 18.5℃左右，池容产气量在 $0.5～0.7m^3/(m^3 \cdot d)$。

（3）结合前期的理论研究和现场测试，对于该地区，年平均气温较高，且冬季逐月平均气温高于 10℃的地区，有利于发展太阳能干式发酵集中制沼技术，建议优先在该区域推广太阳能辅助秸秆沼气技术应用。

6.2 集散式太阳能综合应用系统试点应用

6.2.1 工程概况

滕头村位于宁波市奉化城北 6km，离宁波 27km。它以"生态农业"、"立体农业"、"碧水、蓝天"绿化工程，形成别具一格的生态旅游区，在国内外颇享盛名。自 1993 年获联合国"地球生态 500 佳"以来，又相继荣获首批全国文明村、全国环境教育基地、全国生态示范区和全国首批 4A 级旅游景区等国家级荣誉 40 多项，2016 年成为中国最富有的六个村子之一。全村住宅居民 296 户，计 787 人，有 6500 名外来人口，800 亩耕地，$1.2km^2$ 面积（图 6.2-1）。

作为典型的生态村，滕头村大力推进太阳能开发与利用。绝大多数住宅建筑均安装了户用太阳能热水器，并建成了多个建筑应用光伏发电系统、太阳能导光系统、太阳能集中供热水系统、风光互补系统、太阳能制冷与空调系统、风光互补系统等。这些太阳能应用系统大多安装在单幢建筑上，规模较小且比较分散，因此，采用集散式控制系统进行统一管理和能源调度。

本系统将应用于宁波奉化市滕头村，对现有的三套太阳能应用系统进行数据监测与分析，同时对集热系统产生的热水与电能进行集中管理和调配。三套太阳能系统分别为太阳

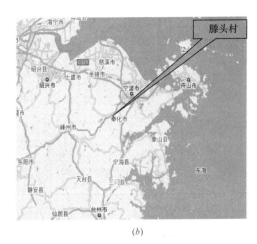

(a)   *(b)*

图 6.2-1 宁波市奉化区滕头村图片与地理位置

能光伏发电系统、太阳能制冷与空调系统以及太阳能集中热水系统，分别应用于老年活动中心、游客集散中心以及养护院，其具体位置与相互之间的距离如图 6.2-2 所示。

图 6.2-2 控制系统逻辑架构

6.2.2 工程设计

1. 太阳能光伏发电系统

该系统安装于滕头村老年活动中心。其原理如图 6.2-3 所示，采用太阳能光伏板实现光—电转换，再用电力驱动热泵空调进行制冷或者采暖。图 6.2-4 分别展示了示范工程施工现场图片与建成后图片，系统的具体技术参数见表 6.2-1。其中屋顶光伏板总面积为 128.4m²，额定制冷功率与制热功率分别为 93kW 与 99kW。逐月发电量如图 6.2-5 所示，系统年发电量 22.28MWh，节能量达到 27.3%。

<table>
<tr><td colspan="2">太阳能光伏空调技术参数表</td><td>表 6.2-1</td></tr>
<tr><td>光伏板总面积</td><td colspan="2">128.4m²</td></tr>
<tr><td>年直流电发电量［Q_{pvf}］</td><td colspan="2">23.10MWh/a</td></tr>
<tr><td>年交流电发电量［Q_{inv}］</td><td colspan="2">22.28MWh/a</td></tr>
</table>

续表

总额定功率发电机磁场	20.4kW
性能系数	80.5%
年能量产出	1.09MWh/kWp/a
相不平衡	0kVAh
无功电能［Q_{invr}］	0kVarh
表观能量［Q_{inva}］	22280.9kVAh
CO_2 减排量	11951.5kg/a

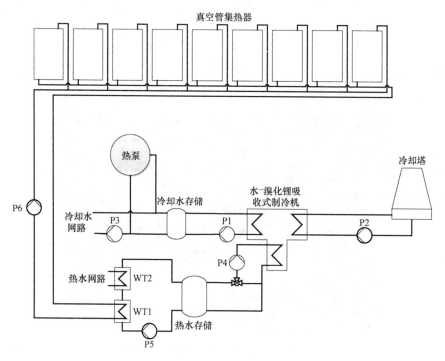

图 6.2-3　太阳能光伏空调系统原理图

2. 太阳能制冷与空调系统

太阳能制冷与空调系统安装于滕头村新建游客集散中心。为确保用户使用的安全性，采用风冷空气源热泵机组作为后备系统。图 6.2-6 和图 6.2-7 分别展示了示范工程施工现场图片与建成后的系统图片，系统各组件的具体技术参数如下文所示。相对于热泵空调系统，太阳能制冷与空调在夏季制冷季节可以节电 40.55%，在冬季采暖阶段可以节电 68.60%。

太阳能制冷与空调系统具有较多的设备和组件，其各部分组件具体参数分别为：

（1）太阳能集热器确定

根据建筑屋面结构形式，本课题采用 CPC 全玻璃真空管太阳能集热器。夏季按照最高辐照月份 7 月份进行计算，冬季按照最低辐照月份 1 月份计算。空调设计总冷负荷 28.74kW，计算得出集热器采光面积约为 138.9m²，实际选取 120m² 集热器。

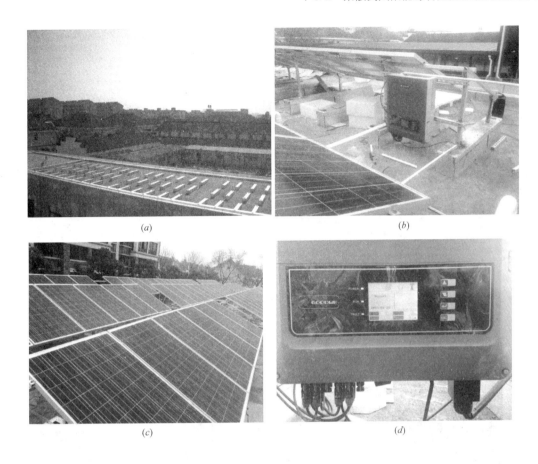

图 6.2-4 施工现场图与建成后图

（a）滕头村新建老年活动中心光伏板预埋基础；（b）施工现场图；

（c）太阳能空调系统屋顶光伏板；（d）监控系统

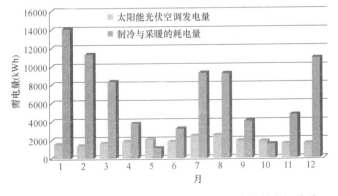

图 6.2-5 太阳能光伏空调逐月发电量以及建筑制冷与采暖

采用力诺瑞特 CPC47-1518 型全玻璃真空管太阳能集热器，共计 40 台，总采光面积 120m²。集热器分为两个阵列排布，每个阵列均为 20 台集热器。

（2）储热水箱、相变蓄热水箱与末端缓冲水箱选择

图 6.2-6 太阳能制冷与空调系统施工现场

(a) 钢结构车棚顶太阳能集热管安装；(b) 设备间安装；(c) 热泵系统安装；

(d) 冷却塔安装；(e) 室外管道安装；(f) 设备间管道与水泵安装

(a) (b)

图6.2-7 太阳能制冷与空调系统建成后钢结构车棚顶集热管与设备间

为合理利用太阳能并保证辅助加热能源效率最大化，本课题采用一个储热水箱，一个相变蓄热水箱以及一个末端缓冲水箱，三个水箱都是承压水箱。储热水箱与末端缓冲水箱的容积均为1t；相变蓄热水箱内水的装载量约为500kg，相变材料的装载量为260kg；储热水箱中内置换热盘管，换热功率为58kW。

（3）制冷机组选择

空调设计总冷负荷为32kW。型号为禄喜RXZ-35单效热水型吸收式溴化锂制冷机组，数量为1台。热源为太阳能集热直供，冷却方式为冷却塔水冷，冷却塔选用25t冷却塔1套。

（4）辅助冷热源选择

辅助热源采用空气源热泵，型号：LPR-32 IID（DU），额定制冷量23.8kW，额定制热量32kW，数量2台。

（5）空调末端选择

水管立管采用二管制同程系统，使用平衡阀对各层水力平衡进行调节，支管路使用通常系统以最大限度保证空调效果，夏季和冬季运行，供回水总管设压差旁通阀。空调末端设计使用5台规格为FP-51、6台规格为FP-68、2台规格为FP-85的风机盘管。

（6）循环水泵选择

1）太阳能集热循环泵：按照辐照量1000W/m²，温升15℃计算，夏季集热循环泵流量为4.32m³/h，扬程为24m。型号：MHI 403，电源：380V 50Hz，功率：0.55kW。

2）制冷机组热水循环泵：按照制冷机组热水流量要求，选取热水循环泵流量为8.6m³/h，经计算，扬程为8.8m。型号：MHI 802，电源：380V 50Hz，功率：0.75kW。

3）冷冻水循环泵：按照制冷机组冷冻水流量要求，选取制冷循环泵流量为6m³/h，扬程为7.8m。型号：MHI 402，电源：380V 50Hz，功率：0.55kW。

4）冷却水循环泵：按照制冷机组冷却水流量要求，选取冷却水循环泵流量为15m³/h，扬程为11.1m。型号：PH-1501QH，电源：380V 50Hz，功率：0.9kW。

5）末端循环泵（供冷/供暖循环泵）：经计算，供冷/供暖循环泵流量为 6.8m³/h，扬程为 9.3m。型号：MHI 403，电源：380V 50Hz，功率：0.55kW。

6）热泵机组循环泵：按照热泵机组循环水流量要求，选取热泵机组循环泵流量为 11m³/h，扬程为 9.2m。型号：MHI802，电源：380V 50Hz，功率：0.75kW。

7）相变蓄热循环泵：选取流量：4m³/h，全扬程：3.5m。型号：RS 25/8，电源：220V 50Hz，功率：0.113kW。

（7）管路选择

1）集热循环管路选用 DN40 的不锈钢管（或铜管）。集热循环管路要求耐温≥120℃，耐压≥1.0MPa。相变蓄热循环管路选用 DN40 的无缝钢管（或不锈钢管），要求耐温≥99℃，耐压≥1.0MPa。

2）按照制冷机组热水循环管路管径、冷媒水循环管路管径、冷却水循环管路管径的要求，分别选用 DN40、DN40、DN50 的无缝钢管（或不锈钢钢管）。

3）空调末端管路选用无缝钢管（或不锈钢钢管）。

4）按照热泵机组循环接管尺寸要求，选用 DN50、DN32 的无缝钢管（或不锈钢钢管）。

5）室内管路（除集热循环管路外）要求耐温≥99℃，耐压≥0.6MPa。

3. 太阳能集中热水系统

养护院设置太阳能热水系统，采用集中集热形式，并设置辅助电加热。屋顶储热水箱有效容积为 6t，为开式系统，内部设置 40kW 辅助电加热；集热系统采用 24 组全玻璃真空太阳能集热器，每组采光面积 7.9m²，总采光面积为 189.6m²。整个系统以太阳能为主要加热设备，在日照良好的情况下，太阳能水箱内的水经过太阳能系统循环加热后完全可以达到使用的温度，在日照不足的情况下，补充到保温水箱后只需热泵进行辅助加热即可达到热水使用要求。保证系统优先利用免费的太阳能资源，减少由于使用常规能源所带来的日常运行费用。

热泵机组系统出水温度最高可达 60℃，热水供应由太阳能供热优先。太阳能产热水量不能满足使用要求的情况下，开启热泵制热水。太阳能产热水水温低于 30℃ 的情况下开启热泵直接制取热水，热泵能自动切换开启循环制热水保温并在 40~48℃ 的范围内可调，系统设置热水管网循环，达到最佳的节能目的。

系统通过监测以下数据实现自动化控制：（1）集热器温度；（2）水箱温度；（3）供水系统回水管道温度；（4）集热循环供水温度；（5）水箱水位信号；（6）集热循环泵工作状态；（7）热水供水循环泵工作状态；（8）补水电磁阀工作状态。

6.2.3　工程施工

1. 施工准备

（1）设计文件齐备，且已通过审查。

（2）施工组织设计或施工方案已经批准，施工操作人员已经过技术、安全培训并合格。

（3）施工材料、机具已进场，并通过验收。

（4）现场水、电、场地、道路等条件能满足施工需要。

2. 预留预埋

（1）按设计图纸制作套管（包括管道穿越屋面的防水套管）、固定件。

（2）预留孔洞、预埋套管及固定件。注意设置位置、标高准确，固定要牢固，并在混凝土浇筑完毕后进行核查。同时，屋面防水套管高度要考虑屋面保温层厚度和积雪层厚度，安装完成一般应高出屋面30cm。固定集热器的预埋件位置、尺寸必须正确。

3. 循环及供水管路安装

安装工艺：放线定位→支架制作安装→预制加工→干管（套管）安装→立管（套管）安装→支管安装→水压试验→管道防腐和保温→管道冲洗（消毒）→通水试验。

（1）确定管道标高、位置、坡度、走向等，正确地按图纸设计位置弹出管道走线，并划出支架设置位置。

（2）预制加工

按设计图纸画出管道分路、管径、变径、预留管口、阀门位置等施工草图，在实际安装的结构位置做上标记，分段量出实际安装的准确尺寸，记录在施工草图上，然后按草图测得的尺寸预制加工。

（3）管道安装

把预制完的管道运到安装部位按编号依次排开。安装前清扫管膛，依次连接，安装完后找直找正，复核甩口位置、方向及变径是否正确，所有管口要加好临时封堵。

（4）系统水平管路应有利于排气和泄水的坡度，凡未注明坡度值或方向的，坡度不小于3‰，坡向与水流方向相反。

（5）热媒管路应尽量利用自然弯补偿热伸缩，直线段过长则应设置补偿器。补偿器形式、规格位置应符合设计要求，并按有关规定进行预拉伸，同时设置好固定支架和滑动支架。

（6）管道的接口应符合下列规定：

1）不得设置在套管内。

2）螺纹连接管道安装后的螺纹根部应有2～3扣的外露螺纹，多余的用麻丝清理干净并做防腐处理。

3）法兰连接时衬垫不得凸入管内，其外边缘接近螺栓孔为宜，不得安放双垫或偏垫。连接法兰的螺栓直径和长度应符合标准，拧紧后，突出螺母的长度不应大于螺杆直径的1/2。

4）采用熔接连接的管道，结合面应有一均匀的熔接圈，不得出现局部熔瘤或熔接圈凸凹不匀现象。

5）采用卡箍（套）式连接的管道，两管口端应平整、无间隙，沟槽应均匀，卡紧螺栓后管道应平直，卡箍（套）安装方向应一致。

（7）管道穿过墙壁和楼板应设置套管，套管安装应符合下列规定：

1）安装在楼板内的套管，其顶部应高出装饰地面20mm，底部应与楼板底面相平。

2）安装在卫生间及厨房内的套管，其顶部应高出装饰地面50mm，底部应与楼板底面相平。

163

3) 安装在墙壁内的套管,其两端与饰面相平。

4) 套管与管道之间的缝隙应按如下规定施工:穿过楼板的套管与管道之间的缝隙用阻燃密实材料和防水油膏填实,端面光滑;穿墙套管与管道之间的缝隙宜用阻燃密实材料填实,且端面应光滑。

(8) 支架安装要求:结构正确、位置合理、排列整齐、安装牢固、防腐到位。

(9) 电磁阀应安装在水平管道上,方向正确,阀前加装细网过滤器,阀后加装调压作用明显的截止阀,启闭正确,灵活可靠。电磁阀周围应留有足够维修空间。

阀门、水泵、电磁阀安装方向应正确,需要更换的部件处应留有便于拆卸的活接。

(10) 在上分式热水系统配水干管的最高点设置排气阀,在系统的最低点设置泄水阀。自动排气阀应垂直安装在系统的最高处,不得歪斜。

(11) 承压管道系统应做水压试验,非承压管道系统应做灌水试验。热水系统水压试验应为系统顶点的工作压力加 0.1MPa,同时在系统顶点的试验压力≥0.3MPa。钢管或复合管道系统试验压力下 10min 内压力降≤0.02MPa,然后降至工作压力检查,压力应不降,且不渗不漏;塑料管道系统在试验压力下稳压 1h,压力降不得超过 0.05MPa,然后在工作压力的 1.15 倍状态下稳压 2h,压力降不得超过 0.03MPa,连接处不得渗漏。

(12) 系统安装完成应冲洗。

(13) 管道保温应在水压试验合格后进行,防腐和保温要满足规范要求。

4. 集热器安装

安装工艺:支架制作安装→集热器组装→水压试验与冲洗→防雷接地。

(1) 支架制作安装

支架采用螺栓或焊接固定在基础上,应确保强度可靠、稳定性好,并满足建筑防水要求。安装时,先按图纸和集热器实物,对基础进行核对,检查坐标、标高及地脚螺栓的孔洞位置是否正确,清除基础上的杂物,按施工图在基础上放出中心线。

使支架螺栓孔对正基础上的预留螺栓孔,带丝扣的一端穿过底座的螺栓孔,并挂上螺母。将支架调正垫平,然后用 1:2 的水泥砂浆浇筑地脚螺栓孔,待水泥砂浆凝固后,再上紧螺母,固定牢固。注意支架要严格按设计要求做防腐处理。

(2) 集热器组装

现场组装的太阳能集热器,集热器联箱、尾座在集热器支架上的固定位置应正确,确保联箱、尾座排放整齐、一致、无歪斜、固定牢靠。

现场插管的全玻璃真空管集热器,插管前将真空管孔四周的脏物清除干净,插管时真空管应蘸水润滑,以利插入。真空管插完后,应保证插入深度一致,硅胶密封圈无扭曲,所有真空管应排放整齐、一致、无歪斜,并使防尘圈与联箱外表面贴紧,确保密封和防尘效果。

现场插管的热管真空管集热器,插管前要在热管冷凝端上涂导热硅胶,联箱热管孔四周应清除干净,插管时,冷凝端插入到传热孔的正确位置,并使其接触紧密,以减少传热损失。所有热管真空管应排放整齐、一致、无歪斜。将成组的集热器安装在已设置好的支架上,要保证集热器上下管口对接的同轴度,使第一组集热器的上下管口到最后一组集热器的上下管口同轴度误差<2mm。集热器和集热器之间用连接件连接,连接要严密,并可拆卸和更换。连接件应能够吸纳管道和设备的收缩膨胀变形。

由集热器上、下集热管接往贮热水箱的循环管路，应有不小于5‰的坡度。连接集热器管路的最高点要安装排气阀，最低点安装泄水阀。集热器之间应留有0.2～0.5m的间距，以便维修和管理。

（3）水压试验与冲洗

1）在集热器最高处安装排气阀，最下端连接手动试压泵。

2）将管道内注满水，并排出管内气体。

3）用手动试压泵缓慢加压，当压力升至工作压力的1.5倍时（最低不得低于0.6MPa），停止加压，观察10min，压力降不得超过0.02MPa，然后将试验压力降至工作压力，对管道进行外观检查，以不渗不漏为合格。

4）管道系统加压后发现有渗漏水或压力下降超过规定值时，应检查管道接口，在排除渗漏水原因后，再按以上规定重新试压，直到符合要求为止。在温度低于5℃的环境下进行水压试验时，应采取可靠的防冻措施，试验结束后，应将存水放尽。

5）用生活用水冲洗管道，直到排出水质与进入水质一致。

（4）防雷接地

将金属支架与接地干线可靠焊接，每块集热器与接地干线可靠连接。采用扁钢接地时，其搭接长度为扁钢宽度的2倍，四面焊接；采用圆钢接地时，其搭接长度为圆钢直径的6倍，双面焊接。防雷接地焊接完成后，做防腐处理。

（5）保温

集热器安装试压完毕，将外露管道进行保温，保温要严密。

（6）注意事项

1）集热器安装倾角和定位必须符合设计要求，确保集热器的集热效果。安装固定式太阳能热水器，朝向应正南。如受条件限制，其偏移角不得大于15°。集热器的倾角对于春、夏、秋三个季节使用的，采用当地纬度为倾角；全年使用或以冬季使用为主，可比当地纬度多10°，若以夏季使用为主，可比当地纬度少10°。

2）在屋面防水层上安装集热器时，屋面防水层应包到基座上部，并在基座下部加设防水层。

3）太阳能集热器与贮热水箱相连的管线需穿屋面时，防水套管应在屋面防水层施工前埋设完毕，并对水管与套管之间、套管与屋面相接处进行防水密封处理。

4）屋面太阳能热水系统施工前，进行屋面防水工程验收。

5. 贮热水箱、膨胀水箱（补水箱）、辅助热源设备和水泵安装及保温安装工艺：安装准备→基础验收→设备开箱检查→吊装就位→找平找正→固定→清洗检查→保温

（1）贮热水箱、膨胀水箱、辅助热源设备、水泵安装基本相同，且属于常规施工，在这里不做表述。

（2）贮热水箱、补水箱、辅助热源设备上安装的进出水管、仪器、仪表均要按设计要求预留连接安装管口，管口位置和尺寸要准确。贮热水箱、补水箱均要设置溢流管和排污口。

（3）设备安装要求定位准确，排列整齐，固定牢固，水泵下要安装减振垫或减振器，设备与管道、仪器连接要严密，水泵、电加热器等带电设备均要与接地可靠连接。

（4）钢板焊接的贮热水箱，水箱内外壁应按设计要求做防腐处理，内壁防腐涂料应卫生、无毒，能耐受所贮存热水的最高温度。

（5）贮热水箱、膨胀水箱检漏试验必须符合设计与验收规范的规定。

检验方法：敞口水箱做满水试验，满水静置24h，不渗不漏为合格；承压水箱做水压试验，在试验压力下10min压力不降，不渗不漏为合格。

（6）贮热水箱、膨胀水箱、循环水泵（电机部分不需保温）保温在检漏试验合格后进行，保温要严密。

6. 电气与自动控制系统安装

安装工艺：线管敷设→控制柜安装→电缆、导线敷设→绝缘测试→仪器、仪表、传感器安装及接线。

（1）太阳能热水系统所使用的电器设备设置漏电保护、接地和断电等安全措施，漏电保护动作电流值不得超过30mA。

（2）温度传感器的安装和连线应符合设计要求（位置、电源、与传感器的连接、接地等）。

（3）传感器的接线应牢固可靠，接触良好。传感线按设计要求布线，无损伤。接线盒与套管之间的传感器屏蔽线应做二次防护处理，两端做防水处理。

（4）屏蔽层导线应与传感器金属接线盒可靠连接，连接时在不损伤屏蔽层导线的情况下，应保护屏蔽层内的导线，使屏蔽层受力。

（5）控制柜内配线整齐，接线正确牢固，回路编号齐全，标识正确。强电、弱电端子隔离布置，端子规格与芯线截面面积匹配。

7. 单机或部件调试

设备单机或部件调试包括水泵、阀门、电磁阀、电气及自动控制设备、监控显示设备、辅助能源加热设备等调试。调试包括如下内容：

（1）检查水泵安装方向。水泵充满水后，点动启动水泵，检查水泵转动方向是否正确。在设计负荷下连续运转2h，水泵应工作正常，无渗漏，无异常振动和声响，电机电流和功率不超过额定值，温度在正常范围内。

（2）检查电磁阀安装方向。手动通断电试验时，电磁阀应开启正常，动作灵活，密封严密。

（3）温度、温差、水位、光照、时间等显示控制仪表应显示准确、动作准确。

（4）电气控制系统达到设计要求的功能，控制动作准确可靠。

（5）漏电保护装置动作准确可靠。

（6）防冻系统装置、超压保护装置、过热保护装置等工作正常。

（7）各种阀门开启灵活，密封严密。

（8）辅助加热设备达到设计要求，工作正常。

8. 系统联动调试

设备单机或部件试运转调试完成后，应进行系统联动调试。系统联动调试包括：

（1）调整水泵控制阀门，使系统循环处在设计要求的流量和扬程。

（2）调整电磁阀控制阀门，使电磁阀的阀前阀后压力处在设计要求的压力范围内。

（3）温度、温差、水位、水压、光照、时间等控制仪的控制区间或控制点调整到设计要求的范围或数值。

（4）调整各个分支回路的调节阀门，使各回路流量平衡。

（5）调试辅助能源加热系统，使其与太阳能加热系统相匹配。

（6）调整其他应该进行的调节调试。

9. 系统试运行

系统联动调试完成后，系统应连续运72h，设备及主要部件的联动必须协调，动作正确，无异常现象。

6.2.4 推广应用价值

太阳能开发与利用是实现长三角农村地区建筑节能、推进社会主义新农村建设的重要途径。结合长三角地区气候特点以及农村经济生活条件现状，应大力发展被动式太阳房以及集散式太阳能综合应用系统。其中，设计被动式太阳房时，应通过优化门窗大小、朝向，适当增加南向开窗比例等措施增加冬季太阳能进入室内的辐射量，以提高被动式太阳能采暖；同时通过计算冬、夏季的太阳高度角，设置保证建筑冬季充分得热，夏季有遮阳效果的固定建筑遮阳构件（可结合挑出阳台等固有建筑构件），在经济有条件地区，可在南向、东西向外窗设置可调式外遮阳板或中空百叶玻璃窗等。

在主动式太阳能应用方面，应充分利用太阳能供给生活热水，在中低层住宅建筑中采用户用太阳能热水器，在公共建筑或中高层住宅建筑中可以采用太阳能集中热水系统、光伏发电系统、太阳能制冷与空调系统等。为了提高太阳能利用率且便于管理，可以采用集散控制系统将多个小型太阳能应用系统进行综合管理，对所有接入控制平台的太阳能利用系统进行数据监测与分析，通过 Web 方式对数据进行发布，实现数据远程监测功能，并且在系统运行不正常或者出现故障时发送报警；同时根据能源的供需关系，通过特定的算法实现各个太阳能利用系统产出能源（如热水、电能）在各个应用系统之间的调配，形成对太阳能集热系统、光伏系统的阵列、循环等的统一控制、管理，使整个工程的运转情况达到最优，并具备数据采集、展示、历史数据收集、分析等功能。通过本控制系统可以使太阳能的供需趋向于平衡状态，最大化利用太阳能资源，这在农村地区将会具有非常良好的推广前景。

6.3 太阳能无功控制光伏系统应用工程

本示范项目位于浙江省嘉兴市海盐县澉浦镇某农宅，为农村宅基地自建房，建筑面积 120m²，建筑高度 4m，整体为砖混结构，地上一层，琉璃瓦斜屋顶。

该项目为分布式光伏发电系统，根据《太阳能光伏与建筑一体化应用技术规程》DGJ32/J87—2009、《供配电系统设计规范》GB 50052—2009、《建筑物设计防雷规范》GB 50057—2000 和《建筑结构载荷规范》GB 50009—2012 等标准设计施工。系统采用电压/无功控制系统，在光伏并网系统中调整并网电流和电压之间的相位差，实现向电网注入有功功率的同时向电网注入（或吸收）无功功率，实现对电网的无功补偿。逆变器功率器件的容量是制约逆变器无功输出大小的主要因素。在进行 PV 系统设计时往往是按照太阳能电池组件额定容量配置逆变器，而运行时 PV 系统受日照强度制约一般不能达到额定值，这样即使不增加逆变器容量，也可以在输出有功的同时进行无功控制。系统原理图如

图 6.3-1 所示。

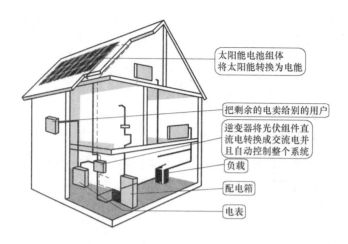

太阳能电池组体
将太阳能转换为电能

把剩余的电卖给别的用户

逆变器将光伏组件直
流电转换成交流电并
且自动控制整个系统

负载

配电箱

电表

图 6.3-1 系统原理图

该系统装机容量 6.24kW，采用 24 块 260W 多晶硅光伏板组件，组件尺寸 1640mm×992mm×40mm；支架采用热镀锌 C 型钢支架，抗风强度 12 级以上，单位载荷 30kg；光伏电缆采用 PV1-F 专用光伏电缆，耐压 1000V，耐高温 120°，防紫外线，防腐蚀；逆变器选型采用电压/无功控制逆变器，1 台 2 路 MPPT 输入，最大输入电压 1000V，启动电压 120V，最大效率 97.2%；逆变器到交流柜采用 YJV 单芯电缆；防雷系统利用原建筑物防雷，交流输出侧装浪涌保护器；所有电缆走 32PVC 线管。总成本约 10 万元。现场照片如图 6.3-2 所示。

(a)

(b)

图 6.3-2 现场照片

附录 1 术 语

1. 太阳能干式发酵

利用太阳能资源维持温度，采用生物质厌氧干发酵技术的工艺过程。

2. 草谷比系数

农作物非籽粒部分与籽粒部分的重量比。

3. 秸秆资源可收集利用系数

秸秆资源可收集利用量占秸秆资源总量的比例。

4. 生产沼气可用秸秆比例

可用于生产沼气的秸秆量占秸秆资源总量的比例。

5. 气化率

居民使用燃气的户数占总户数的比例。

附录2 农村建筑节能相关政策和技术标准

附录2.1 农村建筑节能相关政策

A2.1.1 中华人民共和国节约能源法（节选）

《中华人民共和国节约能源法》于1997年11月1日第八届全国人民代表大会常务委员会第二十八次会议通过，2007年10月28日第十届全国人民代表大会常务委员会第三十次会议修订。

第五十九条　县级以上各级人民政府应当按照因地制宜、多能互补、综合利用、讲求效益的原则，加强农业和农村节能工作，增加对农业和农村节能技术、节能产品推广应用的资金投入。农业、科技等有关主管部门应当支持、推广在农业生产、农产品加工储运等方面应用节能技术和节能产品，鼓励更新和淘汰高耗能的农业机械和渔业船舶。

国家鼓励、支持在农村大力发展沼气，推广生物质能、太阳能和风能等可再生能源利用技术，按照科学规划、有序开发的原则发展小型水力发电，推广节能型的农村住宅和炉灶等，鼓励利用非耕地种植能源植物，大力发展薪炭林等能源林。

A2.1.2 中华人民共和国可再生能源法（节选）

《中华人民共和国可再生能源法》已由中华人民共和国第十届全国人民代表大会常务委员会第十四次会议于2005年2月28日通过，自2006年1月1日起施行。

第十八条　国家鼓励和支持农村地区的可再生能源开发利用。

县级以上地方人民政府管理能源工作的部门会同有关部门，根据当地经济社会发展、生态保护和卫生综合治理需要等实际情况，制定农村地区可再生能源发展规划，因地制宜地推广应用沼气等生物质资源转化、户用太阳能、小型风能、小型水能等技术。

县级以上人民政府应当对农村地区的可再生能源利用项目提供财政支持。

A2.1.3 "十三五"建筑节能专项规划（节选）

中华人民共和国住房和城乡建设部于2017年3月1日发布了《关于印发建筑节能与绿色建筑发展"十三五"规划的通知》（建科〔2017〕53号），其中主要内容摘选如下：

三、主要任务

（四）深入推进可再生能源建筑应用。

扩大可再生能源建筑应用规模。引导各地做好可再生能源资源条件勘察和建筑利用条件调查，编制可再生能源建筑应用规划。研究建立新建建筑工程可再生能源应用专项论证制度。加大太阳能光热系统在城市中低层住宅及酒店、学校等有稳定热水需求的公共建筑中的推广力度。实施可再生能源清洁供暖工程，利用太阳能、空气热能、地热能等解决建筑供暖需求。在末端用能负荷满足要求的情况下，因地制宜建设区域可再生能源站。鼓励在具备条件的建筑工程中应用太阳能光伏系统。做好"余热暖民"工程。积极拓展可再生能源在建筑领域的应用形式，推广高效空气源热泵技术及产品。在城市燃气未覆盖和污水厂周边地区，推广采用污水厂污泥制备沼气技术。

提升可再生能源建筑应用质量。做好可再生能源建筑应用示范实践总结及后评估，对典型示范案例实施运行效果评价，总结项目实施经验，指导可再生能源建筑应用实践。强化可再生能源建筑应用运行管理，积极利用特许经营、能源托管等市场化模式，对项目实施专业化运行，确保项目稳定、高效。加强可再生能源建筑应用关键设备、产品质量管理。

加强基础能力建设，建立健全可再生能源建筑应用标准体系，加快设计、施工、运行和维护阶段的技术标准制定和修订，加大从业人员的培训力度。

可再生能源建筑应用重点工程

太阳能光热建筑应用。 结合太阳能资源禀赋情况，在学校、医院、幼儿园、养老院以及其他有公共热水需求的场所和条件适宜的居住建筑中，加快推广太阳能热水系统。积极探索太阳能光热采暖应用。全国城镇新增太阳能光热建筑应用面积 20 亿 m^2 以上。

太阳能光伏建筑应用。 在建筑屋面和条件适宜的建筑外墙，建设太阳能光伏设施，鼓励小区级、街区级统筹布置，"共同产出、共同使用"。鼓励专业建设和运营公司，投资和运行太阳能光伏建筑系统，提高运行管理，建立共赢模式，确保装置长期有效运行。全国城镇新增太阳能光电建筑应用装机容量 1000 万 kW 以上。

浅层地热能建筑应用。 因地制宜推广使用各类热泵系统，满足建筑采暖制冷及生活热水需求。提高浅层地能设计和运营水平，充分考虑应用资源条件和浅层地能应用的冬夏平衡，合理匹配机组。鼓励以能源托管或合同能源管理等方式管理运营能源站，提高运行效率。全国城镇新增浅层地热能建筑应用面积 2 亿 m^2 以上。

空气热能建筑应用。 在条件适宜地区积极推广空气热能建筑应用。建立空气源热泵系统评价机制，引导空气源热泵企业加强研发，解决设备产品噪声、结霜除霜、低温运行低效等问题。

（五）积极推进农村建筑节能。

积极推进农村建筑用能结构调整。积极研究适应农村资源条件、建筑特点的用能体系，引导农村建筑用能清洁化、无煤化进程。积极采用太阳能、生物质能、空气热能等可再生能源解决农房采暖、炊事、生活热水等用能需求。在经济发达地区、大气污染防治任务较重地区农村，结合"煤改电"工作，大力推广可再生能源采暖。

四、重点举措

（二）加强标准体系建设。

根据建筑节能与绿色建筑发展需求，适时制修订相关设计、施工、验收、检测、评价、改造等工程建设标准。积极适应工程建设标准化改革要求，编制好建筑节能全文强制标准，优化完善推荐性标准，鼓励各地编制更严格的地方节能标准，积极培育发展团体标准，引导企业制定更高要求的企业标准，增加标准供给，形成新时期建筑节能与绿色建筑标准体系。加强标准国际合作，积极与国际先进标准对标，并加快转化为适合我国国情的国内标准。

专栏 7 建筑节能与绿色建筑部分标准编制计划

建筑节能标准。研究编制建筑节能与可再生能源利用全文强制性技术规范；逐步修订现行建筑节能设计、节能改造系列标准；制（修）订《建筑节能工程施工质量验收规范》、《温和地区居住建筑节能设计标准》、《近零能耗建筑技术标准》。

绿色建筑标准。逐步修订现行绿色建筑评价系列标准；制（修）订《绿色校园评价标准》、《绿色生态城区评价标准》、《绿色建筑运行维护技术规范》、《既有社区绿色化改造技术规程》、《民用建筑绿色性能计算规程》。

可再生能源及分布式能源建筑应用标准。逐步修订现行太阳能、地源热泵系统工程相关技术规范；制（修）订《民用建筑太阳能热水系统应用技术规范》、《太阳能供热采暖工程技术规范》、《民用建筑太阳能光伏系统应用技术规范》。

A2.1.4 太阳能利用相关法律法规

我国从 2006 年开始，从国家财政部、原建设部、国家发展与改革委员会、国家能源局到地方政府相继出台了多项支持可再生能源利用相关的政策，有些政策明确提出了太阳能利用的支持领域和支持力度，见附表 2.1-1。十三五期间太阳能发展的最新国家政策介绍如下。

2016 年 12 月 8 日，国家能源局印发关于《太阳能发展"十三五"规划》（国能新能〔2016〕354 号）的通知，"十三五"将是太阳能产业发展的关键时期，基本任务是产业升级、降低成本、扩大应用，实现不依赖国家补贴的市场化自我持续发展，成为实现 2020 年和 2030 年非化石能源分别占一次能源消费比重 15% 和 20% 目标的重要力量。

重点任务是：按照"创新驱动、产业升级、降低成本、扩大市场、完善体系"的总体思路，大力推动光伏发电多元化应用，积极推进太阳能热发电产业化发展，加速普及多元化太阳能热利用。

1. 推进分布式光伏和"光伏＋"应用

（1）大力推进屋顶分布式光伏发电

继续开展分布式光伏发电应用示范区建设，到 2020 年建成 100 个分布式光伏应用示范区，园区内 80% 的新建建筑屋顶、50% 的已有建筑屋顶安装光伏发电。在具备开发条件的工业园区、经济开发区、大型工矿企业以及商场学校医院等公共建筑，采取"政府引导、企业自愿、金融支持、社会参与"的方式，统一规划并组织实施屋顶光伏工程。在太阳能资源优良、电网接入消纳条件好的农村地区和小城镇，推进居民屋顶光伏工程，结合新型城镇化建设、旧城镇改造、新农村建设、易地搬迁等统一规划建设屋顶光伏工程，形成若干光伏小镇、光伏新村。

（2）拓展"光伏＋"综合利用工程

鼓励结合荒山荒地和沿海滩涂综合利用、采煤沉陷区等废弃土地治理、设施农业、渔业养殖等方式，因地制宜开展各类"光伏＋"应用工程，促进光伏发电与其他产业有机融合，通过光伏发电为土地增值利用开拓新途径。探索各类提升农业效益的光伏农业融合发展模式，鼓励结合现代高效农业设施建设光伏电站；在水产养殖条件好的地区，鼓励利用坑塘水面建设渔光一体光伏电站；在符合林业管理规范的前提下，在宜林地、灌木林、稀疏林地合理布局林光互补光伏电站；结合中药材种植、植被保护、生态治理工程，合理配建光伏电站。

（3）创新分布式光伏应用模式

结合电力体制改革开展分布式光伏发电市场化交易，鼓励光伏发电项目靠近电力负荷建设，接入中低压配电网实现电力就近消纳。各类配电网企业应为分布式光伏发电接入电网运行提供服务，优先消纳分布式光伏发电量，建设分布式发电并网运行技术支撑系统并组织分布式电力交易。推行分布式光伏发电项目向电力用户市场化售电模式，向电网企业缴纳的输配电价按照促进分布式光伏就近消纳的原则合理确定。

2. 优化光伏电站布局并创新建设方式

（1）合理布局光伏电站

综合考虑太阳能资源、电网接入、消纳市场和土地利用条件及成本等，以全国光伏产业发展目标为导向，安排各省（区、市）光伏发电年度建设规模，合理布局集中式光伏电站。规范光伏项目分配和市场开发秩序，全面通过竞争机制实现项目优化配置，加速推动光伏技术进步。在弃光限电严重地区，严格控制集中式光伏电站建设规模，加快解决已出现的弃光限电问题，采取本地消纳和扩大外送相结合的方式，提高已建成集中式光伏电站的利用率，降低弃光限电比例。

（2）结合电力外送通道建设太阳能发电基地

按照"多能互补、协调发展、扩大消纳、提高效益"的布局思路，在"三北"地区利用现有和规划建设的特高压电力外送通道，按照优先存量、优化增量的原则，有序建设太阳能发电基地，提高电力外送通道中可再生能源比重，有效扩大"三北"地区太阳能发电消纳范围。在青海、内蒙古等太阳能资源好、土地资源丰富地区，研究论证并分阶段建设太阳能发电与其他可再生能源互补的发电基地。在金沙江、雅砻江、澜沧江等西南水能资源富集的地区，依托水电基地和电力外送通道研究并分阶段建设大型风光水互补发电基地。

（3）实施光伏"领跑者"计划

设立达到先进技术水平的"领跑者"光伏产品和系统效率标准，建设采用"领跑者"光伏产品的领跑技术基地，为先进技术及产品提供市场支持，引领光伏技术进步和产业升级。结合采煤沉陷区、荒漠化土地治理，在具备送出条件和消纳市场的地区，统一规划有序建设光伏发电领跑技术基地，采取竞争方式优选投资开发企业，按照"领跑者"技术标准统一组织建设。组织建设达到最先进技术水平的前沿技术依托基地，加速新技术产业化发展。建立和完善"领跑者"产品的检测、认证、验收和保障体系，确保"领跑者"基地使用的光伏产品达到先进指标。

3. 开展多种方式光伏扶贫

（1）创新光伏扶贫模式

以主要解决无劳动能力的建档立卡贫困户为目标，因地制宜、分期分批推动多种形式的光伏扶贫工程建设，覆盖已建档立卡280万无劳动能力贫困户，平均每户每年增加3000元的现金收入。确保光伏扶贫关键设备达到先进技术指标且质量可靠，鼓励成立专业化平台公司对光伏扶贫工程实行统一运营和监测，保障光伏扶贫工程长期质量可靠、性能稳定和效益持久。

（2）大力推进分布式光伏扶贫

在中东部土地资源匮乏地区，优先采用村级电站（含户用系统）的光伏扶贫模式，单个户用系统5kW左右，单个村级电站一般不超过300kW。村级扶贫电站优先纳入光伏发电建设规模，优先享受国家可再生能源电价附加补贴。做好农村电网改造升级与分布式光伏扶贫工程的衔接，确保光伏扶贫项目所发电量就近接入、全部消纳。建立村级扶贫电站的建设和后期运营监督管理体系，相关信息纳入国家光伏扶贫信息管理系统监测，鼓励各地区建设统一的运行监控和管理平台，确保电站长期可靠运行和贫困户获得稳定收益。

（3）鼓励建设光伏农业工程

鼓励各地区结合现代农业、特色农业产业发展光伏扶贫。鼓励地方政府按PPP模式，由政府投融资主体与商业化投资企业合资建设光伏农业项目，项目资产归政府投融资主体和商业化投资企业共有，收益按股比分成，政府投融资主体要将所占股份折股量化给符合条件的贫困村、贫困户，代表扶贫对象参与项目投资经营，按月（或季度）向贫困村、贫困户分配资产收益。光伏农业工程要优先使用建档立卡贫困户劳动力，并在发展地方特色农业中起到引领作用。

4. 推进太阳能热发电产业化

（1）组织太阳能热发电示范项目建设

按照"统筹规划、分步实施、技术引领、产业协同"的发展思路，逐步推进太阳能热发电产业进程。在"十三五"前半期，积极推动150万kW左右的太阳能热发电示范项目建设，总结积累建设运行经验，完善管理办法和政策环境，验证国产化设备及材料的可靠性；培育和增强系统集成能力，掌握关键核心技术，形成设备制造产业链，促进产业规模化发展和产品质量提高，带动生产成本降低，初步具备国际市场竞争力。

（2）发挥太阳能热发电调峰作用

逐步推进太阳能热发电产业化商业化进程，发挥其蓄热储能、出力可控可调等优势，实现网源友好发展，提高电网接纳可再生能源的能力。在青海、新疆、甘肃等可再生能源富集地区，提前做好太阳能热发电布局，探索以太阳能热发电承担系统调峰方式，研究建立太阳能热发电与光伏发电、风电、抽水蓄能等互补利用、发电可控可调的大型混合式可再生能源发电基地，向电网提供清洁、安全、稳定的电能，促进可再生能源高比例应用。

（3）建立完善太阳能热发电产业服务体系

借鉴国外太阳能热发电工程建设经验，结合我国太阳能热发电示范项目的实施，制定太阳能热发电相关设计、设备、施工、运行标准，建立和完善相关工程设计、检测认证及质量管理等产业服务支撑体系。加快建设太阳能热发电产业政策管理体系，研究制定太阳能热发电项目管理办法，保障太阳能热发电产业健康有序发展。

5. 因地制宜推广太阳能供热

（1）进一步推动太阳能热水应用

以市场需求为动力，以小城镇建设、棚户区改造等项目为依托，进一步推动太阳能热水的规模化应用。在太阳能资源适宜地区加大太阳能热水系统推广力度。支持农村和小城镇居民安装使用太阳能热水器，在农村推行太阳能公共浴室工程，扩大太阳能热水器在农村的应用规模。在大中城市的公共建筑、经济适用房、廉租房项目加大力度强制推广太阳能热水系统。在城市新建、改建、扩建的住宅建筑上推动太阳能热水系统与建筑的统筹规划、设计和应用。

（2）因地制宜推广太阳能供暖制冷技术

在东北、华北等集中供暖地区，积极推进太阳能与常规能源融合，采取集中式与分布式结合的方式进行建筑供暖；在集中供暖未覆盖地区，结合当地可再生能源资源，大力推动太阳能、地热能、生物质锅炉等小型可再生能源供热；在需要冷热双供的华东、华中地区以及传统集中供暖未覆盖的长三角、珠三角等地区，重点采用太阳能、地热能供暖制冷技术。鼓励在条件适宜的中小城镇、民用及公共建筑上推广太阳能区域性供暖系统，建设太阳能热水、采暖和制冷的三联供系统。到 2020 年，在适宜区域建设大型区域供热站数量达到 200 座以上，集热面积总量达到 400 万 m^2 以上。结合新农村建设，在全国推广农村建筑太阳能热水、采暖示范项目 300 万户以上。

（3）推进工农业领域太阳能供热

结合工业领域节能减排，在新建工业区（经济开发区）建设和传统工业区改造中，积极推进太阳能供热与常规能源融合，推动工业用能结构的清洁化。在印染、陶瓷、食品加工、农业大棚、养殖场等用热需求大且与太阳能热利用系统供热匹配的行业，充分利用太阳能供热作为常规能源系统的基础热源，提供工业生产用热，推动工业供热的梯级循环利用。结合新能源示范城市和新能源利用产业园区、绿色能源示范县（区）等，建设一批工农业生产太阳能供热，总集热面积达到 2000 万 m^2。

6. 开展新能源微电网应用示范

（1）建设联网型微电网示范工程

在分布式可再生能源渗透率较高或具备多能互补条件的地区建设联网型新能源微电网示范工程。通过储能技术、天然气分布式发电、智能控制和信息化技术的综合应用，探索电力生产和消费的新型商业运营模式和新业态，推动更加具有活力的电力市场化创新发展，形成完善的新能源微电网技术体系和管理体制，逐步提高可再生能源渗透率，探索建设 100% 可再生能源多能互补微能源网。

（2）开展离网型微电网示范

提升能源电子技术配合微电网能源管理及储能技术，高度融合发输供用电环节，在电网未覆盖或供电能力不足的偏远地区、海岛、边防哨所等，充分利用丰富的可再生资源，实现多种能源综合互补利用，建设智能离网型新能源微电网示范工程，替代柴油发电机组和降低供电成本，保护生态环境，改善地区能源结构。

（3）探索微电网电力交易模式

结合电力体制改革的要求，拓展新能源微电网应用空间。以新能源微电网为载体作为独立售电主体，探索微电网内部分布式光伏直供以及微电网与本地新能源发电项目电力直接交易的模式。支持微电网就近向可再生能源电力企业直接购电，探索实现 100% 新能源电力消费微电网。

7. 加快技术创新和产业升级

（1）建立国家级光伏技术创新平台

依托国家重点实验室、国家工程中心等机构，推动建立光伏发电的公共技术创新、产品测试、实证研究三大国家级光伏技术创新平台，形成国际领先、面向全行业的综合性创新支撑平台。公共技术创新平台重点开展新型太阳电池、新型光伏系统及部件、光伏高渗透率并网等领域的前瞻研究和技术攻关。产品测试平台重点建设光伏产业链各环节产品和系统测试平台。实证研究平台重点开展不同地域、气候、电网条件下的光伏系统及部件实证研究，建立国家光伏发电公共监测和评价中心。

（2）实施太阳能产业升级计划

以推动我国太阳能产业化技术及装备升级为目标，推进全产业链的原辅材、产品制造技术、生产工艺及生产装备国产化水平提升。光伏发电重点支持 PERC 技术、N 型单晶等高效率晶体硅电池、新型薄膜电池的产业化以及关键设备研制；太阳能热发电重点突破高效率大容量高温储热、高能效太阳能聚光集热等关键技术，研发高可靠性、全天发电的太阳能热发电系统集成技术及关键设备。

（3）开展前沿技术创新应用示范工程

结合下游应用需求，国家组织太阳能领域新技术示范应用工程。重点针对各类高效率低成本光伏电池、新型光伏电池、新型光伏系统及控制/逆变器等关键部件在不同地域、气候、电网条件下进行示范应用，以及中高温太阳能集中供热在建筑、供暖等领域的示范应用，满足新能源微电网、现代农业、光伏渔业等新兴市场太阳能技术的需求，建立产学研有机结合、技术与应用相互促进、上下游协同推进的技术创新机制。

8. 提升行业管理和产业服务水平

（1）加强行业管理和质量监督

建立政府制定规则、市场主体竞争的光伏电站项目资源配置方式，禁止资源换产业和地方保护等不正当竞争行为，杜绝倒卖项目等投机行为，建立优胜劣汰、充分有效的市场竞争机制。加强太阳能项目质量监督管理，完善工程建设、运行技术岗位资质管理，建立适应市场、权责明确、措施到位、监督有力的太阳能项目建设质量监督体系，发挥政府在质量监督中的作用。科学、公正、规范地开展太阳能项目主体工程及相关设备质量、安全运行等综合评价，建立透明公开的质量监督管理秩序，提高设备产品可靠性和运行安全性，确保工程建设质量。

（2）提升行业信息监测和服务水平

拓展太阳能行业信息监测管理范围，应用大数据、"互联网＋"等现代化信息技术，完善太阳能资源、规划实施、年度规模、前期进展、建设运行等全生命周期信息监测体系建设，及时向社会公开行业发展动态。通过信息化手段，为行业数据查询和补助资金申请提供便利，规范电价附加补助资金管理，提高可再生能源电价附件补贴资金发放效率，提升行业公共服务水平。

（3）加强行业能力建设

鼓励国内科研院所、中介机构、行业组织发挥在行业人才培训、技术咨询、国际交流等方面的作用，建立企业、消费者、政府部门之间的沟通与联系，加强与国际知名研究机构在国际前沿、共性技术联合研发、新产品制造、技术转移、知识产权等领域的合作。加大人才和机构等能力建设的支持力度，培养一批太阳能行业发展所急需的技术和管理人才，鼓励大学与企业联合培养高级人才，支持企业建立太阳能教学实习基地和博士后流动站，鼓励大学、研究机构和企业从海外吸引高端人才。

9. 深化太阳能国际产业合作

（1）拓展太阳能国际市场和产能合作

在"一带一路"、中巴经济走廊、孟中印缅经济走廊等重点区域加强太阳能产业国际市场规划研究，引导重大国际项目开发建设，巩固欧洲、北美洲和亚洲部分地区等传统太阳能产业投资市场，重点开发东南亚、西亚、拉丁美洲、非洲等新兴市场。加强先进产能和项目开发国际化合作，构建全产业链战略联盟，持续提升太阳能产业国际市场竞争力，实现太阳能产能"优进优出"。

（2）太阳能先进技术研发和装备制造合作

鼓励企业加强国际研发合作，开展太阳能产业前沿、共性技术联合研发，提高我国产业技术研发能力及核心竞争力，共同促进产业技术进步。建立推动国际化的太阳能技术合作交流平台，与相关国家政府及企业合作建设具有创新性的示范工程。推动我国太阳能设备制造"走出去"发展，鼓励企业在境外设立技术研发机构，实现技术和智力资源跨国流动和优化整合。

（3）加强太阳能产品标准和检测国际互认

逐步完善国内太阳能标准体系，积极参与太阳能行业国际标准制定，加大自主知识产权标准体系海外推广，推动检测认证国际互认。依托重点项目的开发建设，持续跟进 IEC 等太阳能标准化工作，加强国际标准差异化研究和国际标准转化工作。参与 IECRE 体系等多边机制下的产品标准检测认证的国际互认组织工作，掌握标准检测认证规则，提升我国在国际认证、检测等领域的话语权。

太阳能利用的支持领域和相关政策 附表 2.1-1

文件名称	支持领域	相关政策
财政部、建设部关于印发《可再生能源建筑应用示范项目评审办法》的通知（财建〔2006〕459号）	开展可再生能源建筑应用示范工程，主要支持以下技术领域： 1. 与建筑一体化的太阳能供应生活热水、供热制冷、光电转换、照明。 2. 利用土壤源热泵和浅层地下水源热泵技术供热制冷。 3. 地表水丰富地区利用淡水源热泵技术供热制冷。 4. 沿海地区利用海水源热泵技术供热制冷。 5. 利用污水源热泵技术供热制冷	1. 财政部、建设部根据增量成本、技术先进程度、市场价格波动等因素，确定每年的不同示范技术类型的单位建筑面积补贴额度。 2. 利用两种以上可再生能源技术的项目，补贴标准按照项目具体情况审核确定。 3. 财政部、建设部综合考虑不同气候区域及技术应用水平差别等，在补贴额度中给予上下10％的浮动。 4. 对可再生能源建筑应用共性关键技术集成及示范推广，能效检测，标识，技术规范标准验证及完善等项目，根据经批准的项目经费金额给予全额补助。 5. 其他财政部批准的与可再生能源建筑应用相关的项目补贴方式依照相关规定执行

续表

文件名称	支持领域	相关政策
财政部关于印发《太阳能光电建筑应用财政补助资金管理暂行办法》的通知（财建〔2009〕129号）	1. 城市光电建筑一体化应用，农村及偏远地区建筑光电利用等给予定额补助。 2. 太阳能光电产品建筑安装技术标准规程的编制。 3. 太阳能光电建筑应用共性关键技术的集成与推广。 4. 单项工程应用太阳能光电产品装机容量应不小于50kWP。 5. 应用的太阳能光电产品发电效率应达到先进水平，其中单晶硅光电产品效率应超过16%，多晶硅光电产品效率应超过14%，非晶硅光电产品效率应超过6%。 6. 优先支持太阳能光伏组件应与建筑物实现构件化、一体化项目。 7. 优先支持并网式太阳能光电建筑应用项目。 8. 优先支持学校、医院、政府机关等公共建筑应用光电项目	2009年补助标准原则上定为20元/Wp，具体标准将根据与建筑结合程度、光电产品技术先进程度等因素分类确定
财政部、建设部关于印发《可再生能源建筑应用城市示范实施方案》的通知（财建〔2009〕305号） 财政部、住房和城乡建设部《关于印发加快推进农村地区可再生能源建筑应用的实施方案的通知》（财建〔2009〕306号）	各地要结合当地自然资源条件、客观实际需要、经济社会条件等因素，因地制宜地确定推广应用重点。近阶段国家重点扶持的应用领域是： 1. 农村中小学可再生能源建筑应用。结合全国中小学校舍安全工程，完善农村中小学生活配套设施，推进太阳能浴室建设，解决学校师生的生活热水需求；实施太阳能、浅层地能采暖工程，利用浅层地能热泵等技术解决中小学校采暖需求；建设太阳房，利用被动式太阳能采暖方式为教室等供暖。 2. 县城（镇）、农村居民住宅以及卫生院等公共建筑可再生能源建筑一体化应用	中央财政对农村地区可再生能源建筑应用予以适当资金支持。 1. 补助资金的核定。2009年农村可再生能源建筑应用补助标准为：地源热泵技术应用60元/m²，一体化太阳能热利用15元/平方米，以分户为单位的太阳能浴室、太阳能房按新增投入的60%予以补助。以后年度补助标准将根据农村可再生能源建筑应用成本等因素予以适当调整。每个示范县补助资金总额将根据上述补助标准、可再生能源推广应用面积等审核确定。每个示范县补助资金总额最高不超过1800万元。 2. 补助资金的拨付。中央财政将上述核定的补助资金一次性拨付到省，由省级财政按规定拨付到示范县，示范县负责将补助资金落实到具体项目。 3. 补助资金的监管。各地财政、住房和城乡建设部门要切实加强对补助资金的管理，建立考核机制，确保资金使用规范、安全、有效。省级财政、住房和城乡建设部门要督促示范县严格按照上报的实施方案执行。财政部将会同住房和城乡建设部对地方工作实施情况进行检查，对没有完成上报工作任务或节能效果达不到预期目标的，将抵扣今后该省专项补助资金；对示范效果好的省份，下一年度予以优先支持
国家发展改革委、国家能源局《关于印发能源发展"十三五"规划的通知》发改能源〔2016〕2744号	坚持技术进步、降低成本、扩大市场、完善体系。优化太阳能开发布局，优先发展分布式光伏发电，扩大"光伏+"多元化利用，促进光伏规模化发展。稳步推进"三北"地区光伏电站建设，积极推动光热发电产业化发展。建立弃光率预警考核机制，有效降低光伏电站弃光率	太阳能资源开发重点：扩大就地消纳能力。大力推动中东部和南方地区分散风能资源的开发，推动低风速风机和海上风电技术进步。推广光伏发电与建筑屋顶、滩涂、湖泊、鱼塘及农业大棚及相关产业有机结合的新模式，鼓励利用采煤沉陷区废弃土地建设光伏发电项目，扩大中东部和南方地区分布式利用规模。 大力发展农村清洁能源。采取有效措施推进农村地区太阳能、风能、小水电、农林废弃物、养殖场废弃物、地热能等可再生能源开发利用，促进农村清洁用能，加快推进农村采暖电能替代。鼓励分布式光伏发电与设施农业发展相结合，大力推广应用太阳能热水器、小风电等小型能源设施，实现农村能源供应方式多元化，推进绿色能源乡村建设

文件名称	支持领域	相关政策
北京市发改委发布《"十三五"时期新能源和可再生能源发展规划》（京发改〔2016〕1516号）	实施百万平方米太阳能集热系统利用工程。在新新建居住建筑及有集中热水需求的公共建筑推广使用太阳能热水系统。重点推进医院、酒店、学校等机构实施太阳能热水系统改造。在村镇公共建筑、农村住宅推广使用太阳能热水系统。在新建的低密度城镇建筑、农村建筑推广使用太阳能、空气源热泵等供热系统	试点建设新能源示范村镇 　　按照"因地制宜、政策引导、集中示范、全面推进"的原则，加强太阳能、地源热泵、空气源热泵等新能源和新技术在村镇地区的综合利用。 　　建设新能源示范村。发展地源热泵、空气源热泵、太阳能等新能源和可再生能源采暖技术应用。积极推进分布式光伏在农村住宅、文化活动场所、农业设施等领域的应用。大力推广太阳能热水系统，鼓励既有沼气工程升级。到2020年，按照"采暖清洁化、电力绿色化、热水光热化"的理念，建成新能源示范村50个。 　　建设新能源示范镇。以"集中＋分户"相结合的方式，加强热泵系统、分布式光伏、太阳能热水系统在公共建筑、工商业企业、居民建筑等领域的应用，鼓励利用热泵系统、太阳能供暖系统替代燃煤锅炉。到2020年，建成新能源示范镇20个，示范镇中心区内热泵系统、分布式光伏、太阳能热水系统等新能源和可再生能源技术应用覆盖率达到50％以上
浙江省人民政府办公厅发布《浙江省能源发展"十三五"规划》（浙政办发〔2016〕107号）	坚持分散利用与集中开发并举，因地制宜发展可再生能源，推动多能互补供能，加强综合利用。沿海和海岛地区重点发展海上风电、分布式光伏、潮汐能、风光柴储一体化集成供能等，内陆山区重点发展水电、生物质能、太阳能、风光水储一体化集成供能等，各城市、中心镇结合工业厂房、公共建筑屋顶、商业和旅游综合体等推进光伏、光热、地热能等利用，广大农村地区推进太阳能、屋顶光伏、沼气等利用	积极推广太阳能光热光电技术建筑一体化应用，扩大太阳能等可再生能源建筑应用，推进建筑屋顶分布式光伏建设。因地制宜发展换热型地源水源热泵技术，积极推进沼气、太阳能光热发电在农业农村建筑中的开发利用，推广高能效建筑用能设备
江苏省人民政府办公厅发布《江苏省能源发展"十三五"规划》（苏政办发〔2017〕62号）	科学利用太阳能。坚持光伏和光热相并重，分布式与集中式相结合，大力推进太阳能多形式、大范围、高效率转化应用，到2020年，光伏发电累计装机确保800万kW，力争1000万kW，力争实现用户侧平价上网	——全面推进分布式光伏系统。把分布式作为光伏发电的主要方式，重点利用工业园区、经济开发区、公共设施、居民住宅以及路灯灯杆、广告塔架、高架桥梁等各类资源，广泛发展"自用为主、余电上网"的分布式光伏发电。鼓励各类园区统一规划、布局建设分布式光伏发电系统。结合建筑节能推进光伏建筑一体化建设。把分布式光伏发电作为新能源试点示范的重要考核指标，引导和激励试点地区重点发展分布式光伏。到2020年，分布式光伏累计装机确保400万kW，力争500万kW

文件名称	支持领域	相关政策
		——有序发展集中式光伏电站。在不影响生态功能、不改变用地性质、不影响生产功效的基础上，因地制宜地综合利用沿海滩涂、鱼塘水面、煤矿塌陷地、风电场等空间资源，建设风光互补、渔光互补、风光储多能互补，以及与农业设施相结合，不同方式和形态的光伏电站，积极实施光伏"领跑者"计划，开展阜宁、沛县、宝应等光伏"领跑者"示范基地建设，打造3～5个50万kW以上的光伏电站基地。 ——积极促进光热多形式利用。组织开展光热发电示范工程建设，推进光热发电、储能材料协同发展，培育形成自主化技术体系和产业化发展能力。全面实施《江苏省绿色建筑发展条例》，推动新建住宅、宾馆、医院等公共建筑统一设计、安装太阳能热水系统，新建大型公共建筑普遍采用光热利用技术。鼓励光伏、光热系统集成化设计、模块化装配、嵌入式应用。到2020年，光热利用力争达到160万t标准煤
上海市人民政府办公厅印发《上海市能源发展"十三五"规划》(沪府发〔2017〕14号)	统筹能源与经济、社会、环境等协调发展，通过转变能源发展方式，带动产业结构升级和生产生活方式转变，实现以较少能源消费支撑经济社会发展。推动能源供给侧结构性改革，优化一次能源结构，提高能源清洁利用水平。实现全社会煤炭消费总量负增长，进一步加大天然气替代力度，大力发展太阳能、风电等新能源。提高城市电气化水平，提高电力在终端能源消费中的比重。把节能优先贯穿于生产生活、能源发展等全过程	大力发展分布式光伏。积极推进太阳能利用多元化、创新化发展。重点依托工商业建筑、公共建筑屋顶、产业园区实施分布式光伏发电工程，推进"阳光校园"等专项工程。积极探索农光互补、渔光互补、风光互补等多种开发模式。"十三五"期间，新增装机50万kW，总装机达到80万kW。推进太阳能热利用，鼓励通过多能互补等形式提高能源综合利用水平。 因地制宜发展生物质能和地热能。继续推进崇明绿色能源示范县建设。结合生活垃圾、畜禽粪便等废弃物综合处理，建设一批生物质能利用项目，推动生物质技术、产业和商业模式的创新。综合地质条件、地下空间和经济成本等因素，重点在规划新城镇、重点功能区等地区，有序推进地热能开发，力争新增地热能利用面积500万m²

附录2.2　农村居住建筑节能设计标准

1　总　　则

1.0.1　为贯彻国家有关节约能源、保护环境的法规和政策，改善农村居住建筑室内热环境，提高能源利用效率，制定本标准。

1.0.2　本标准适用于农村新建、改建和扩建的居住建筑节能设计。

1.0.3　农村居住建筑的节能设计应结合气候条件、农村地区特有的生活模式、经济条件，采用适宜的建筑形式、节能技术措施以及能源利用方式，有效改善室内居住环境，降低常规能源消耗及温室气体的排放。

1.0.4　农村居住建筑的节能设计，除应符合本标准外，尚应符合国家现行有关标准的规定。

2　术　语

2.0.1　围护结构 building envelope

指建筑各面的围挡物，包括墙体、屋顶、门窗、地面等。

2.0.2　室内热环境 indoor thermal environment

影响人体冷热感觉的环境因素，包括室内空气温度、空气湿度、气流速度以及人体与周围环境之间的辐射换热。

2.0.3　导热系数 (λ) thermal conductivity coefficient

在稳态条件和单位温差作用下，通过单位厚度、单位面积的匀质材料的热流量，也称热导率，单位为 W/(m·K)。

2.0.4　传热系数 (K) coefficient of heat transfer

在稳态条件和物体两侧的冷热流体之间单位温差作用下，单位面积通过的热流量，单位为 W/(m^2·K)。

2.0.5　热阻 (R) heat resistance

表征围护结构本身或其中某层材料阻抗传热能力的物理量，单位为 (m^2·K)/W。

2.0.6　热惰性指标 (D) index of thermal intertia

表征围护结构对温度波衰减快慢程度的无量纲指标，其值等于材料层热阻与蓄热系数的乘积。

2.0.7　窗墙面积比 area ratio of window to wall

窗户洞口面积与建筑层高和开间定位线围成的房间立面单元面积的比值。无因次。

2.0.8　遮阳系数 shading coefficient

在给定条件下，透过窗玻璃的太阳辐射得热量，与相同条件下透过相同面积的 3mm 厚透明玻璃的太阳辐射得热量的比值。无因次。

2.0.9　种植屋面 planted roof

在屋面防水层上铺以种植介质，并种植植物，起到隔热作用的屋面。

2.0.10　被动式太阳房 passive solar house

不需要专门的太阳能供暖系统部件，而通过建筑的朝向布局及建筑材料与构造等的设计，使建筑在冬季充分获得太阳辐射热，维持一定室内温度的建筑。

2.0.11　自保温墙体 self-insulated wall

墙体主体两侧不需附加保温系统，主体材料自身除具有结构材料必要的强度外，还具有较好的保温隔热性能的外墙保温形式。

2.0.12　外墙外保温 external thermal insulation on walls

由保温层、保护层和胶粘剂、锚固件等固定材料构成，安装在外墙外表面的保温形式。

2.0.13　外墙内保温 internal thermal insulation on walls

由保温层、饰面层和胶粘剂、锚固件等固定材料构成，安装在外墙内表面的保温形式。

2.0.14　外墙夹心保温 sandwich thermal insulation on walls

在墙体中的连续空腔内填充保温材料，并在内叶墙和外叶墙之间用防锈的拉结件固定的保温形式。

2.0.15 火炕 Kang

能吸收、蓄存烟气余热，持续保持其表面温度并缓慢散热，以满足人们生活起居、供暖等需要，而搭建的一种类似于床的室内设施。包括落地炕、架空炕、火墙式火炕及地炕。

2.0.16 火墙 hot wall

一种内设烟气流动通道的空心墙体，可吸收烟气余热并通过其垂直壁面向室内散热的供暖设施。

2.0.17 太阳能集热器 solar collector

吸收太阳辐射并将采集的热能传递到传热工质的装置。

2.0.18 沼气池 biogas generating pit

有机物质在其中经微生物分解发酵而生成一种可燃性气体的各种材质制成的池子，有玻璃钢、红泥塑料、钢筋混凝土等。

2.0.19 秸秆气化 straw gasification

在不完全燃烧条件下，将生物质原料加热，使较高分子量的有机碳氢化合物链裂解，变成较低分子量的一氧化碳（CO）、氢气（H_2）、甲烷（CH_4）等可燃气体的过程。

3 基 本 规 定

3.0.1 农村居住建筑节能设计应与地区气候相适应，农村地区建筑节能气候分区应符合表 3.0.1 的规定。

农村地区建筑节能设计气候分区   表 3.0.1

分区名称	热工分区名称	气候区划主要指标	代 表 性 地 区
Ⅰ	严寒地区	1月平均气温 ≤−11℃ 7月平均气温 ≤25℃	漠河、图里河、黑河、嫩江、海拉尔、博克图、新巴尔虎右旗、呼玛、伊春、阿尔山、狮泉河、改则、班戈、那曲、申扎、刚察、玛多、曲麻莱、杂多、达日、托托河、东乌珠穆沁旗、哈尔滨、通河、尚志、牡丹江、泰来、安达、宝清、富锦、海伦、敦化、齐齐哈尔、虎林、鸡西、绥芬河、桦甸、锡林浩特、二连浩特、多伦、富蕴、阿勒泰、丁青、索县、冷湖、都兰、同德、玉树、大柴旦、若尔盖、蔚县、长春、四平、沈阳、呼和浩特、赤峰、达尔罕联合旗、集安、临江、长岭、前郭尔罗斯、延吉、大同、额济纳旗、张掖、乌鲁木齐、塔城、德令哈、格尔木、西宁、克拉玛依、日喀则、隆子、稻城、甘孜、德钦
Ⅱ	寒冷地区	1月平均气温 −11～0℃ 7月平均气温 18～28℃	承德、张家口、乐亭、太原、锦州、朝阳、营口、丹东、大连、青岛、潍坊、海阳、日照、菏泽、临沂、离石、卢氏、榆林、延安、兰州、天水、银川、中宁、伊宁、喀什、和田、马尔康、拉萨、昌都、林芝、北京、天津、石家庄、保定、邢台、沧州、济南、德州、定陶、郑州、安阳、徐州、亳州、西安、哈密、库尔勒、吐鲁番、铁干里克、若羌
Ⅲ	夏热冬冷地区	1月平均气温 0～10℃ 7月平均气温 25～30℃	上海、南京、盐城、泰州、杭州、温州、丽水、舟山、合肥、铜陵、宁德、蚌埠、南昌、赣州、景德镇、吉安、广昌、邵武、三明、驻马店、固始、平顶山、少饶、武汉、沙市、老河口、随州、远安、恩施、长沙、永州、张家界、涟源、韶关、汉中、略阳、山阳、安康、成都、平武、达州、内江、重庆、桐仁、凯里、桂林、西昌*、酉阳*、贵阳*、遵义*、桐梓*、大理*
Ⅳ	夏热冬暖地区	1月平均气温 >10℃ 7月平均气温 25～29℃	福州、泉州、漳州、广州、梅州、汕头、茂名、南宁、梧州、河池、百色、北海、萍乡、元江、景洪、海口、琼中、三亚、台北

注：带 * 号地区在建筑热工分区中属温和 A 区，围护结构限值按夏热冬冷地区的相关参数执行。

3.0.2 严寒和寒冷地区农村居住建筑的卧室、起居室等主要功能房间，节能计算冬季室内热环境参数的选取应符合下列规定：

    1 室内计算温度应取 14℃；

    2 计算换气次数应取 $0.5h^{-1}$。

3.0.3 夏热冬冷地区农村居住建筑的卧室、起居室等主要功能房间，节能计算室内热环境参数的选取应符合下列规定：

    1 在无任何供暖和空气调节措施下，冬季室内计算温度应取 8℃，夏季室内计算温度应取 30℃；

    2 冬季房间计算换气次数应取 $1h^{-1}$，夏季房间计算换气次数应取 $5h^{-1}$。

3.0.4 夏热冬暖地区农村居住建筑的卧室、起居室等主要功能房间，在无任何空气调节措施下，节能计算夏季室内计算温度应取 30℃。

3.0.5 农村居住建筑应充分利用建筑外部环境因素创造适宜的室内环境。

3.0.6 农村居住建筑节能设计宜采用可再生能源利用技术，也可采用常规能源和可再生能源集成利用技术。

3.0.7 农村居住建筑节能设计应总结并采用当地有效的保温降温经验和措施，并与当地民居建筑设计风格相协调。

4 建筑布局与节能设计

4.1 一般规定

4.1.1 农村居住建筑的选址与布置应根据不同的气候区进行选择。严寒和寒冷地区应有利于冬季日照和冬季防风，并应有利于夏季通风；夏热冬冷地区应有利于夏季通风，并应兼顾冬季防风；夏热冬暖地区应有利于自然通风和夏季遮阳。

4.1.2 农村居住建筑的平面布局和立面设计应有利于冬季日照和夏季通风。门窗洞口的开启位置应有利于自然采光和自然通风。

4.1.3 农村居住建筑宜采用被动式太阳房满足冬季供暖需求。

4.2 选址与布局

4.2.1 严寒和寒冷地区农村居住建筑宜建在冬季避风的地段，不宜建在洼地、沟底等易形成"霜洞"的凹地处。

4.2.2 农村居住建筑的间距应满足日照、采光、通风、防灾、视觉卫生等要求。

4.2.3 农村居住建筑的南立面不宜受到过多遮挡。建筑与庭院里植物的距离应满足采光与日照的要求。

4.2.4 农村居住建筑建造在山坡上时，应根据地形依山势而建，不宜进行过多地挖土填方。

4.2.5 严寒和寒冷地区、夏热冬冷地区的农村居住建筑，宜采用双拼式、联排式或叠拼式集中布置。

4.3 平立面设计

4.3.1 严寒和寒冷地区农村居住建筑的体形宜简单、规整，平立面不宜出现过多的局部凸出或凹进的部位。开口部位设计应避开当地冬季的主导风向。

4.3.2 夏热冬冷和夏热冬暖地区农村居住建筑的体形宜错落、丰富，并宜有利于夏季遮阳及自然通风。开口部位设计应利用当地夏季主导风向，并宜有利于自然通风。

4.3.3 农村居住建筑的主朝向宜采用南北朝向或接近南北朝向，主要房间宜避开冬季主导风向。

4.3.4 农村居住建筑的开间不宜大于 6m，单面采光房间的进深不宜大于 6m。严寒和寒冷地区农村居住建筑室内净高不宜大于 3m。

4.3.5 农村居住建筑的房间功能布局应合理、紧凑、互不干扰，并应方便生活起居与节能。卧室、起居室等主要房间宜布置在南侧或内墙侧，厨房、卫生间、储藏室等辅助房间宜布置在北侧或外墙侧。夏热冬暖地区农村居住建筑的卧室宜设在通风好、不潮湿的房间。

4.3.6 严寒和寒冷地区农村居住建筑的外窗面积不应过大，南向宜采用大窗，北向宜采用小窗，窗墙面积比限值宜符合表 4.3.6 的规定。

严寒和寒冷地区农村居住建筑的窗墙面积比限值　　　　　　　表 4.3.6

朝　　向	窗墙面积比	
	严寒地区	寒冷地区
北	≤0.25	≤0.30
东 、西	≤0.30	≤0.35
南	≤0.40	≤0.45

4.3.7 严寒和寒冷地区农村居住建筑应采用传热系数较小、气密性良好的外门窗，不宜采用落地窗和凸窗。

4.3.8 夏热冬冷和夏热冬暖地区农村居住建筑的外墙，宜采用外反射、外遮阳及垂直绿化等外隔热措施，并应避免对窗口通风产生不利影响。

4.3.9 农村居住建筑外窗的可开启面积应有利于室内通风换气。严寒和寒冷地区农村居住建筑外窗的可开启面积不应小于外窗面积的 25%；夏热冬冷和夏热冬暖地区农村居住建筑外窗的可开启面积不应小于外窗面积的 30%。

4.4　被动式太阳房设计

4.4.1 被动式太阳房应朝南向布置，当正南向布置有困难时，不宜偏离正南向±30°以上。主要供暖房间宜布置在南向。

4.4.2 建筑间距应满足冬季供暖期间，在 9～15 时对集热面的遮挡不超过 15% 的要求。

4.4.3 被动式太阳房的净高不宜低于 2.8m，房屋进深不宜超过层高的 2 倍。

4.4.4 被动式太阳房的出入口应采取防冷风侵入的措施。

4.4.5 被动式太阳房应采用吸热和蓄热性能高的围护结构及保温措施。

4.4.6 透光材料应表面平整、厚度均匀，太阳透射比应大于 0.76。

4.4.7 被动式太阳房应设置防止夏季室内过热的通风窗口和遮阳措施。

4.4.8 被动式太阳房的南向玻璃透光面应设夜间保温装置。

4.4.9 被动式太阳房应根据房间的使用性质选择适宜的集热方式。以白天使用为主的房间，宜采用直接受益式或附加阳光间式［图 4.4.9（a）和图 4.4.9（b）］；以夜间使用为主的房间，宜采用具有较大蓄热能力的集热蓄热墙式［图 4.4.9（c）］。

4.4.10 直接受益式太阳房的设计应符合下列规定：

　1 宜采用双层玻璃；

　2 屋面集热窗应采取屋面防风、雨、雪措施。

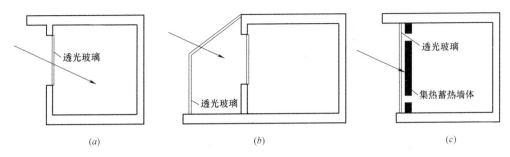

图 4.4.9 被动式太阳房示意

(a) 直接受益式；(b) 附加阳光间式；(c) 集热蓄热墙式

4.4.11 附加阳光间式太阳房的设计应符合下列规定：

1 应组织好阳光间内热空气与室内的循环，阳光间与供暖房间之间的公共墙上宜开设上下通风口；

2 阳光间进深不宜过大，单纯作为集热部件的阳光间进深不宜大于0.6m；兼做使用空间时，进深不宜大于1.5m；

3 阳光间的玻璃不宜直接落地，宜高出室内地面0.3~0.5m。

4.4.12 集热蓄热墙式太阳房的设计应符合下列规定：

1 集热蓄热墙应采用吸收率高、耐久性强的吸热外饰材料。透光罩的透光材料与保温装置、边框构造应便于清洗和维修；

2 集热蓄热墙宜设置通风口。通风口的位置应保证气流通畅，并应便于日常维修与管理；通风口处宜设置止回风阀并采取保温措施；

3 集热蓄热墙体应有较大的热容量和导热系数；

4 严寒地区宜选用双层玻璃，寒冷地区可选用单层玻璃。

4.4.13 被动式太阳房蓄热体面积应为集热面积的3倍以上，蓄热体的设计应符合下列规定：

1 宜利用建筑结构构件设置蓄热体。蓄热体宜直接接收阳光照射；

2 应采用成本低、比热容大，性能稳定、无毒、无害，吸热放热快的蓄热材料；

3 蓄热地面、墙面不宜铺设地毯、挂毯等隔热材料；

4 有条件时宜设置专用的水墙或相变材料蓄热。

4.4.14 被动式太阳房南向玻璃窗的开窗面积，应保证在冬季通过窗户的太阳得热量大于通过窗户向外散发的热损失。南向窗墙面积比及对应的外窗传热系数限值宜根据不同集热方式，按表4.4.14选取。当不符合表4.4.14中限值规定时，宜进行节能性能计算确定。

被动太阳房南向开窗面积大小及外窗的传热系数限值　　　　表 4.4.14

集热方式	冬季日照率 ρ_s	南向窗墙面积比限值	外窗传热系数限值[W/(m²·K)]
直接受益式	$\rho_s \geq 0.7$	≥ 0.5	≤ 2.5
	$0.7 > \rho_s \geq 0.55$	≥ 0.55	≤ 2.5
集热蓄热墙式	$\rho_s \geq 0.7$	—	≤ 6.0
	$0.7 > \rho_s \geq 0.55$		≤ 6.0
附加阳光间式	$\rho_s \geq 0.7$	≥ 0.6	≤ 4.7
	$0.7 > \rho_s \geq 0.55$	≥ 0.7	≤ 4.7

5　围护结构保温隔热

5.1　一　般　规　定

5.1.1　严寒和寒冷地区农村居住建筑宜采用保温性能好的围护结构构造形式；夏热冬冷和夏热冬暖地区农村居住建筑宜采用隔热性能好的重质围护结构构造形式。

5.1.2　农村居住建筑围护结构保温材料宜就地取材，宜采用适于农村应用条件的当地产品。

5.1.3　严寒和寒冷地区农村居住建筑的围护结构，应采取下列节能技术措施：

1　应采用有附加保温层的外墙或自保温外墙；

2　屋面应设置保温层；

3　应选择保温性能和密封性能好的门窗；

4　地面宜设置保温层。

5.1.4　夏热冬冷和夏热冬暖地区农村居住建筑的围护结构，宜采取下列节能技术措施：

1　浅色饰面；

2　隔热通风屋面或被动蒸发屋面；

3　屋顶、东向、西向外墙采用花格构件或爬藤植物遮阳；

4　外窗遮阳。

5.2　围护结构热工性能

5.2.1　严寒和寒冷地区农村居住建筑围护结构的传热系数，不应大于表5.2.1中的规定限值。

严寒和寒冷地区农村居住建筑围护结构传热系数限值　表5.2.1

建筑气候区	围护结构部位的传热系数 $K[W/(m^2 \cdot K)]$					
	外墙	屋面	吊顶	外窗		外门
				南向	其他向	
严寒地区	0.50	0.40	—	2.2	2.0	2.0
		—	0.45			
寒冷地区	0.65	0.50	—	2.8	2.5	2.5

5.2.2　夏热冬冷和夏热冬暖地区农村居住建筑围护结构的传热系数、热惰性指标及遮阳系数，宜符合表5.2.2的规定。

夏热冬冷和夏热冬暖地区围护结构传热系数、热惰性指标及遮阳系数的限值　表5.2.2

建筑气候分区	围护结构部位的传热系数 $K[W/(m^2 \cdot K)]$、热惰性指标 D 及遮阳系数 SC				
	外墙	屋面	户门	外窗	
				卧室、起居室	厨房、卫生间、储藏间
夏热冬冷地区	$K \leqslant 1.8, D \geqslant 2.5$ $K \leqslant 1.5, D < 2.5$	$K \leqslant 1.0, D \geqslant 2.5$ $K \leqslant 0.8, D < 2.5$	$K \leqslant 3.0$	$K \leqslant 3.2$	$K \leqslant 4.7$
夏热冬暖地区	$K \leqslant 2.0, D \geqslant 2.5$ $K \leqslant 1.2, D < 2.5$	$K \leqslant 1.0, D \geqslant 2.5$ $K \leqslant 0.8, D < 2.5$	—	$K \leqslant 4.0$ $SC \leqslant 0.5$	—

5.3 外　墙

5.3.1 严寒和寒冷地区农村居住建筑的墙体应采用保温节能材料，不应使用黏土实心砖。

5.3.2 严寒和寒冷地区农村居住建筑宜根据气候条件和资源状况选择适宜的外墙保温构造形式和保温材料，保温层厚度应经过计算确定。具体外墙保温构造形式和保温层厚度可按本标准表 A.0.1 选用。

5.3.3 夹心保温构造外墙不应在地震烈度高于 8 度的地区使用，夹心保温构造的内外叶墙体之间应设置钢筋拉结措施。

5.3.4 外墙夹心保温构造中的保温材料吸水性大时，应设置空气层，保温层和内叶墙体之间应设置连续的隔汽层。

5.3.5 围护结构的热桥部分应采取保温或"断桥"措施，并应符合下列规定：

　　1 外墙出挑构件及附墙部件与外墙或屋面的热桥部位均应采取保温措施；

　　2 外窗（门）洞口室外部分的侧墙面应进行保温处理；

　　3 伸出屋顶的构件及砌体（烟道、通风道等）应进行防结露的保温处理。

5.3.6 夏热冬冷和夏热冬暖地区农村居住建筑根据当地的资源状况，外墙宜采用自保温墙体，也可采用外保温或内保温构造形式。自保温墙体、外保温和内保温构造形式和及保温材料厚度可按本标准表 A.0.2～表 A.0.4 选用。

5.4 门　窗

5.4.1 农村居住建筑应选用保温性能和密闭性能好的门窗，不宜采用推拉窗，外门、外窗的气密性等级不应低于现行国家标准《建筑外门窗气密、水密、抗风压性能分级及检测方法》GB/T 7106 规定的 4 级。

5.4.2 严寒和寒冷地区农村居住建筑的外窗宜增加夜间保温措施。

5.4.3 夏热冬冷和夏热冬暖地区农村居住建筑向阳面的外窗及透明玻璃门，应采取遮阳措施。外窗设置外遮阳时，除应遮挡太阳辐射外，还应避免对窗口通风特性产生不利影响。外遮阳形式及遮阳系数可按本标准表 A.0.5 选用。

5.4.4 严寒和寒冷地区农村居住建筑出入口应采取必要的保温措施，如设置门斗、双层门、保温门帘等。

5.5 屋　面

5.5.1 严寒和寒冷地区农村居住建筑的屋面应设置保温层，屋架承重的坡屋面保温层宜设置在吊顶内，钢筋混凝土屋面的保温层应设在钢筋混凝土结构层上。

5.5.2 严寒和寒冷地区农村居住建筑的屋面保温构造形式和保温材料厚度，可按本标准表 A.0.6 选用。

5.5.3 夏热冬冷和夏热冬暖地区农村居住建筑的屋面保温构造形式和保温材料厚度，可按本标准表 A.0.7 选用。

5.5.4 夏热冬冷和夏热冬暖地区农村居住建筑的屋面可采用种植屋面，种植屋面应符合现行行业标准《种植屋面工程技术规程》JGJ 155 的有关规定。

5.6 地　面

5.6.1 严寒地区农村居住建筑的地面宜设保温层，外墙在室内地坪以下的垂直墙面应增设保温层。地面保温层下方应设置防潮层。

5.6.2 夏热冬冷和夏热冬暖地区地面宜做防潮处理，也可采取地表面采用蓄热系数小的材料或采用带有微孔的面层材料等防潮措施。

6　供暖通风系统

6.1　一般规定

6.1.1 农村居住建筑供暖设计应与建筑设计同步进行，应结合建筑平面和结构，对灶、烟道、烟囱、供暖设施等进行综合布置。

6.1.2 严寒和寒冷地区农村居住建筑应根据房间耗热量、供暖需求特点、居民生活习惯以及当地资源条件，合理选用火炕、火墙、火炉、热水供暖系统等一种或多种供暖方式，并宜利用生物质燃料。夏热冬冷地区农村居住建筑宜采用局部供暖设施。

6.1.3 农村居住建筑夏季宜采用自然通风方式进行降温和除湿。

6.1.4 供暖用燃烧器具应符合相关产品标准，烟气流通设施应进行气密性设计处理，严防煤气中毒和烟气污染。

6.2　火炕与火墙

6.2.1 农村居住建筑有供暖需求的房间宜设置灶连炕。

6.2.2 火炕的炕体形式应结合房间需热量、布局、居民生活习惯等确定。房间面积较小、耗热量低、生火间歇较短时，宜选用散热性能好的架空炕；房间面积较大、耗热量高、生火间歇较长时，宜选用火墙式火炕、地炕或蓄热能力强的落地炕，辅以其他即热性好的供暖方式，应用时应符合下列规定：

　　1 架空炕的底部空间应保证空气流通良好，宜至少有两面炕墙距离其他墙体不低于0.5m。炕面板宜采用大块钢筋混凝土板；

　　2 落地炕应在炕洞底部和靠外墙侧设置保温层，炕洞底部宜铺设 200～300mm 厚的干土，外墙侧可选用炉渣等材料进行保温处理。

6.2.3 火炕炕体设计应符合下列规定：

　　1 火炕内部烟道应遵循"前引后导"的布置原则。热源强度大、持续时间长的炕体宜采用花洞式烟道；热源强度小、持续时间短的炕体宜采用设后分烟板的简单直洞烟道；

　　2 烟气入口的喉眼处宜设置火舌，不宜设置落灰膛；

　　3 烟道高度宜为 180～400mm，且坡度不应小于 5‰；进烟口上檐宜低于炕面板下表面 50～100mm；

　　4 炕面应平整，抹面层炕头宜比炕梢厚，中部宜比里外厚；

　　5 炕体应进行气密性处理。

6.2.4 烟囱的建造和节能设计应符合下列规定：

　　1 烟囱宜与内墙结合或设置在室内角落；当设置在外墙时，应进行保温和防潮处理；

　　2 烟囱内径宜上面小、下面大，且内壁面应光滑、严密；烟囱底部应设回风洞；

　　3 烟囱口高度宜高于屋脊。

6.2.5 与火炕连通的炉灶间歇性使用时，其灶门等进风口应设置挡板，火炕烟道出口处宜设置可启闭阀门。

6.2.6 灶连炕的构造和节能设计应符合下列规定：

　　1 烟囱与灶相邻布置时，灶宜设置双喉眼；

2 灶的结构尺寸应与锅的尺寸、使用的主要燃料相适应，并应减少拦火程度；

3 炕体烟道宜选用倒卷帘式；

4 灶台高度宜低于室内炕面 100～200mm。

6.2.7 火墙式火炕的构造和节能设计应符合下列规定：

1 火墙燃烧室净高宜为 300～400mm，燃烧室与炕面中间应设 50～100mm 空气夹层。内部的侧壁宜设连通炕内的通气孔；

2 火墙和火炕宜共用烟囱排烟。

6.2.8 火墙的构造和节能设计应符合下列规定：

1 火墙的长度宜为 1.0～2.0m，高度宜为 1.0～1.8m；

2 火墙应有一定的蓄热能力，砌筑材料宜采用实心黏土砖或其他蓄热材料，砌体的有效容积不宜小于 0.2m³；

3 火墙应靠近外窗、外门设置；火墙砌体的散热面宜设置在下部；

4 两侧面同时散热的火墙靠近外墙布置时，与外墙间距不应小于 150mm。

6.2.9 地炕的构造和节能设计应符合下列规定：

1 燃烧室的进风口应设调节阀门，炉门和清灰口应设关断阀门。烟囱顶部应设可关闭风帽；

2 燃烧室后应设除灰室、隔尘壁；

3 应根据各房间所需热量和烟气温度布置烟道；

4 燃烧室的池壁距离墙体不应小于 1.0m；

5 水位较高或潮湿地区，燃烧室的池底应进行防水处理；

6 燃烧室盖板宜采用现场浇筑的施工方式，并应进行气密性处理。

6.3 重力循环热水供暖系统

6.3.1 农村居住建筑宜采用重力循环散热器热水供暖系统。

6.3.2 重力循环热水供暖系统的管路布置宜采用异程式，并应采取保证各环路水力平衡的措施。单层农村居住建筑的热水供暖系统宜采用水平双管式，二层及以上农村居住建筑的热水供暖系统宜采用垂直单管顺流式。

6.3.3 重力循环热水供暖系统的作用半径，应根据供暖炉加热中心与散热器散热中心高度差确定。

6.3.4 供暖炉的选择与布置应符合下列规定：

1 应采用正规厂家生产的热效率高、环保型铁制炉具；

2 应根据燃料的类型选择适用的供暖炉类型；

3 供暖炉的炉体应有良好保温；

4 宜选择带排烟热回收装置的燃煤供暖炉，排烟温度高时，宜在烟囱下部设置水烟囱等回收排烟余热；

5 供暖炉宜布置在专门锅炉间内，不得布置在卧室或与其相通的房间内；供暖炉设置位置宜低于室内地坪 0.2～0.5m。供暖炉应设置烟道。

6.3.5 散热器的选择和布置应符合下列规定：

1 散热器宜布置在外窗窗台下，当受安装高度限制或布置管道有困难时，也可靠内墙安装；

2 散热器宜明装，暗装时装饰罩应有合理的气流通道、足够的通道面积，并应方便维修。

6.3.6 重力循环热水供暖系统的管路布置，应符合下列规定：

1 管路布置宜短、直，弯头、阀门等部件宜少；

2 供水、回水干管的直径应相同；

3 供水、回水干管敷设时，应有坡向供暖炉 0.5%～1.0% 的坡度；

4 供水干管宜高出散热器中心 1.0～1.5m，回水干管宜沿地面敷设，当回水干管过门时，应设置过门地沟；

5 敷设在室外、不供暖房间、地沟或顶棚内的管道应进行保温，保温材料宜采用岩棉、玻璃棉或聚氨酯硬质泡沫塑料，保温层厚度不宜小于 30mm。

6.3.7 阀门与附件的选择和布置应符合下列规定：

1 散热器的进、出水支管上应安装关断阀门，关断阀门宜选用阻力较小的闸板阀或球阀；

2 膨胀水箱的膨胀管上严禁安装阀门；

3 单层农村居住建筑热水供暖系统的膨胀水箱宜安装在室内靠近供暖炉的回水总干管上，其底端安装高度宜高出供水干管 30～50mm；二层以上农村居住建筑热水供暖系统的膨胀水箱宜安装在上层系统供水干管的末端，且膨胀水箱的安装位置应高出供水干管 50～100mm；

4 供水干管末端及中间上弯处应安装排气装置。

6.4 通风与降温

6.4.1 农村居住建筑的起居室、卧室等房间宜利用穿堂风增强自然通风。风口开口位置及面积应符合下列规定：

1 进风口和出风口宜分别设置在相对的立面上；

2 进风口应大于出风口；开口宽度宜为开间宽度的 1/3～2/3，开口面积宜为房间地板面积的 15%～25%；

3 门窗、挑檐、通风屋脊、挡风板等构造的设置，应利于导风、排风和调节风向、风速。

6.4.2 采用单侧通风时，通风窗所在外墙与夏季主导风向间的夹角宜为 40°～65°。

6.4.3 厨房宜利用热压进行自然通风或设置机械排风装置。

6.4.4 夏热冬冷和夏热冬暖地区农村居住建筑宜采用植被绿化屋面、隔热通风屋面或多孔材料蓄水蒸发屋面等被动冷却降温技术。

6.4.5 当被动冷却降温方式不能满足室内热环境需求时，可采用电风扇或分体式空调降温。分体式空调设备宜选用高能效产品。

6.4.6 分体式空调安装应符合下列规定：

1 室内机应靠近室外机的位置安装，并应减少室内明管的长度；

2 室外机安放搁板时，其位置应有利于空调器夏季排放热量，并应防止对室内产生热污染及噪声污染。

6.4.7 夏季空调室外空气计算湿球温度较低、干球温度日差大且地表水资源相对丰富的地区，夏季宜采用直接蒸发冷却空调方式。

7 照 明

7.0.1 农村居住建筑每户照明功率密度值不宜大于表7.0.1的规定。当房间的照度值高于或低于表7.0.1规定的照度时，其照明功率密度值应按比例提高或折减。

每户照明功率密度值 表7.0.1

房间	照明功率密度（W/m²）	对应照度值（lx）
起居室		100
卧室		75
餐厅	7	150
厨房		100
卫生间		100

7.0.2 农村居住建筑应选用节能高效光源、高效灯具及其电器附件。

7.0.3 农村居住建筑的楼梯间、走道等部位宜采用双控或多控开关。

7.0.4 农村居住建筑应按户设置生活电能计量装置，电能计量装置的选取应根据家庭生活用电负荷确定。

7.0.5 农村居住建筑采用三相供电时，配电系统三相负荷宜平衡。

7.0.6 无功功率补偿装置宜根据供配电系统的要求设置。

7.0.7 房间的采光系数或采光窗地面积比，应符合现行国家标准《建筑采光设计标准》GB/T 50033的有关规定。

7.0.8 无电网供电地区的农村居住建筑，有条件时，宜采用太阳能、风能等可再生能源作为照明能源。

8 可再生能源利用

8.1 一般规定

8.1.1 农村居住建筑利用可再生能源时，应遵循因地制宜、多能互补、综合利用、安全可靠、讲求效益的原则，选择适宜当地经济和资源条件的技术实施。有条件时，农村居住建筑中应采用可再生能源作为供暖、炊事和生活热水用能。

8.1.2 太阳能利用方式的选择，应根据所在地区气候、太阳能资源条件、建筑物类型、使用功能、农户要求，以及经济承受能力、投资规模、安装条件等因素综合确定。

8.1.3 生物质能利用方式的选择，应根据所在地区生物质资源条件、气候条件、投资规模等因素综合确定。

8.1.4 地热能利用方式的选择，应根据当地气候、资源条件、水资源和环境保护政策、系统能效以及农户对设备投资运行费用的承担能力等因素综合确定。

8.2 太阳能热利用

8.2.1 农村居住建筑中使用的太阳能热水系统，宜按人均日用水量30～60L选取。

8.2.2 家用太阳能热水系统应符合现行国家标准《家用太阳热水系统技术条件》GB/T 19141的有关规定，并应符合下列规定：

1 宜选用紧凑式直接加热自然循环的家用太阳能热水系统；

2 当选用分离式或间接式家用太阳能热水系统时，应减少集热器与贮热水箱之间的管路，并应采取保温措施；

3 当用户无连续供热水要求时，可不设辅助热源；

4 辅助热源宜与供暖或炊事系统相结合。

8.2.3 在太阳能资源较丰富地区，宜采用太阳能热水供热供暖技术或主被动结合的空气供暖技术。

8.2.4 太阳能供热供暖系统应做到全年综合利用。太阳能供热供暖系统的设计应符合现行国家标准《太阳能供热供暖工程技术规范》GB 50495 的有关规定。

8.2.5 太阳能集热器的性能应符合现行国家标准《平板型太阳能集热器》GB/T 6424、《真空管型太阳能集热器》GB/T 17581 和《太阳能空气集热器技术条件》GB/T 26976 的有关规定。

8.2.6 利用太阳能供热供暖时，宜设置其他能源辅助加热设备。

8.3　生物质能利用

8.3.1 在具备生物质转换技术条件的地区，宜采用生物质转换技术将生物质资源转化为清洁、便利的燃料后加以使用。

8.3.2 沼气利用应符合下列规定：

1 应确保整套系统的气密性；

2 应选取沼气专用灶具，沼气灶具及零部件质量应符合国家现行有关沼气灶具及零部件标准的规定；

3 沼气管道施工安装、试压、验收应符合现行国家标准《农村家用沼气管路施工安装操作规程》GB 7637 的有关规定；

4 沼气管道上的开关阀应选用气密性能可靠、经久耐用，并通过鉴定的合格产品，且阀孔孔径不应小于 5mm；

5 户用沼气池应做好寒冷季节池体的保温增温措施，发酵温度不应低于 8℃；

6 规模化沼气工程应对沼气池体进行保温，保温厚度应经过技术经济比较分析后确定。沼气池应采取加热方式维持所需池温。

8.3.3 秸秆气化供气系统应符合现行行业标准《秸秆气化供气系统技术条件及验收规范》NY/T 443 及《秸秆气化炉质量评价技术规范》NY/T 1417 的有关规定。气化机组的气化效率和能量转换率均应大于 70%，灶具热效率应大于 55%。

8.3.4 以生物质固体成型燃料方式进行生物质能利用时，应根据燃料规格、燃烧方式及用途等，选用合适的生物质固体成型燃料炉。

8.4　地热能利用

8.4.1 有条件时，寒冷地区或夏热冬冷地区农村居住建筑可采用地源热泵系统进行供暖空调。

8.4.2 采用较大规模的地源热泵系统时，应符合现行国家标准《地源热泵系统工程技术规范》GB 50366 的相关规定。

8.4.3 采用地埋管地源热泵系统时，冬季地埋管换热器进口水温宜高于 4℃；地埋管宜采用聚乙烯管（PE80 或 PE40）或聚丁烯管（PB）。

附录 A 围护结构保温隔热构造选用

A.0.1 严寒和寒冷地区农村居住建筑外墙保温构造形式和保温材料厚度，可按表 A.0.1 选用。

表 A.0.1

严寒和寒冷地区农村居住建筑外墙保温构造形式和保温材料厚度

序号	名称	构造简图	构造层次	保温材料厚度（mm）	
				严寒地区	寒冷地区
1	多孔砖墙 EPS 板外保温		1——20 厚混合砂浆 2——240 厚多孔砖墙 3——水泥砂浆找平层 4——胶粘剂 5——EPS 板 6——5 厚抗裂砂浆耐碱玻纤网格布 7——外饰面	70～80	50～60
2	混凝土空心砌块 EPS 板外保温		1——20 厚混合砂浆 2——190 厚混凝土空心砌块 3——水泥砂浆找平层 4——胶粘剂 5——EPS 板 6——5 厚抗裂砂浆耐碱玻纤网格布 7——外饰面	80～90	60～70
3	混凝土空心砌块 EPS 板夹心保温		1——20 厚混合砂浆 2——190 厚混凝土空心砌块 3——EPS 板 4——90 厚混凝土空心砌块 5——外饰面	80～90	60～70
4	非黏土实心砖（烧结普通页岩、煤矸石砖）	EPS 板外保温	1——20 厚混合砂浆 2——240 厚非黏土实心砖墙 3——水泥砂浆找平 4——胶粘剂 5——EPS 板 6——5 厚抗裂胶浆耐碱玻纤网格布 7——外饰面	80～90	60～70
		EPS 板夹心保温	1——20 厚混合砂浆 2——120 厚非黏土实心砖墙 3——EPS 板 4——240 厚非黏土实心砖墙 5——外饰面	70～80	50～60

续表

序号	名称	构造简图	构造层次	保温材料厚度(mm)	
				严寒地区	寒冷地区
5	草砖墙		1——内饰面(抹灰两道) 2——金属网 3——草砖 4——金属网 5——外饰面(抹灰两道)	300	—
6	草板夹心墙		1——内饰面(混合砂浆) 2——120厚非黏土实心砖墙 3——隔汽层(塑料薄膜) 4——草板保温层 5——40空气层 6——240厚非黏土实心砖墙 7——外饰面	210	140
7	草板墙		1——内饰面(混合砂浆) 2——58厚纸面草板 3——60厚岩棉 4——58厚纸面草板 5——外饰面	两层58mm草板;中间60mm岩棉	—

A.0.2　夏热冬冷和夏热冬暖地区农村居住建筑自保温墙体构造形式和材料厚度,可按表 A.0.2选用。

夏热冬冷和夏热冬暖地区农村居住建筑自保温墙体构造形式和材料厚度　表 A.0.2

序号	名称	构造简图	构造层次	墙体材料厚度(mm)	
				夏热冬冷地区	夏热冬暖地区
1	非黏土实心砖墙体		1——20厚混合砂浆 2——非黏土实心砖 3——外饰面	370	370
2	加气混凝土墙体		1——20厚混合砂浆 2——加气混凝土砌块 3——外饰面	200	200
3	多孔砖墙体		1——20厚混合砂浆 2——多孔砖 3——外饰面	370	240

A.0.3 夏热冬冷和夏热冬暖地区农村居住建筑外墙外保温构造形式和材料厚度，可按表A.0.3选用。

夏热冬冷和夏热冬暖地区农村居住建筑外墙外保温构造形式和保温材料厚度

表 A.0.3

序号	名称	构造简图	构造层次	保温材料厚度参考值(mm)	
				夏热冬冷地区	夏热冬暖地区
1	非黏土实心砖墙玻化微珠保温砂浆外保温		1——20厚混合砂浆 2——240厚非黏土实心砖墙 3——水泥砂浆找平层 4——界面砂浆 5——玻化微珠保温浆料 6——5厚抗裂砂浆耐碱玻纤网格布 7——外饰面	20～30	15～20
2	多孔砖墙玻化微珠保温砂浆外保温		1——20厚混合砂浆 2——200厚多孔砖墙 3——水泥砂浆找平层 4——界面砂浆 5——玻化微珠保温浆料 6——5厚抗裂砂浆耐碱玻纤网格布 7——外饰面	15～20	10～20
3	混凝土空心砌块玻化微珠保温浆料外保温		1——20厚混合砂浆 2——190厚混凝土空心砌块 3——水泥砂浆找平层 4——界面砂浆 5——玻化微珠保温浆料 6——5厚抗裂砂浆耐碱玻纤网格布 7——外饰面	30～40	25～30
4	非黏土实心砖墙胶粉聚苯颗粒外保温		1——20厚混合砂浆 2——240厚非黏土实心砖墙 3——水泥砂浆找平层 4——界面砂浆 5——胶粉聚苯颗粒 6——5厚抗裂砂浆耐碱玻纤网格布 7——外饰面	20～30	15～20
5	多孔砖墙胶粉聚苯颗粒外保温		1——20厚混合砂浆 2——200厚多孔砖墙 3——水泥砂浆找平层 4——界面砂浆 5——胶粉聚苯颗粒 6——5厚抗裂砂浆耐碱玻纤网格布 7——外饰面	20～30	15～20
6	混凝土空心砌块胶粉聚苯颗粒外保温		1——20厚混合砂浆 2——190厚混凝土空心砌块 3——水泥砂浆找平层 4——界面砂浆 5——胶粉聚苯颗粒 6——5厚抗裂砂浆耐碱玻纤网格布 7——外饰面	30～40	20～30

序号	名称	构造简图	构造层次	保温材料厚度参考值(mm)	
				夏热冬冷地区	夏热冬暖地区
7	非黏土实心砖墙EPS板外保温		1—20厚混合砂浆 2—240厚非黏土实心砖墙 3—水泥砂浆找平层 4—胶粘剂 5—EPS板 6—5厚抗裂砂浆耐碱玻纤网格布 7—外饰面	20～30	15～20
8	多孔砖墙EPS板外保温		1—20厚混合砂浆 2—200厚多孔砖 3—水泥砂浆找平层 4—胶粘剂 5—EPS板 6—5厚抗裂砂浆耐碱玻纤网格布 7—外饰面	20～25	15～20
9	混凝土空心砌块EPS板外保温		1—20厚混合砂浆 2—190厚混凝土空心砌块 3—水泥砂浆找平层 4—胶粘剂 5—EPS板 6—5厚抗裂砂浆耐碱玻纤网格布 7—外饰面	20～30	15～20

A.0.4 夏热冬冷和夏热冬暖地区农村居住建筑外墙内保温构造形式和材料厚度，可按表A.0.4选用。

夏热冬冷和夏热冬暖地区农村居住建筑外墙内保温构造形式和保温材料厚度

表A.0.4

序号	名称	构造简图	构造层次	保温材料厚度(mm)	
				夏热冬冷地区	夏热冬暖地区
1	非黏土实心砖墙玻化微珠保温砂浆内保温		1—外饰面 2—240厚非黏土实心砖墙 3—水泥砂浆找平层 4—界面剂 5—玻化微珠保温浆料 6—5厚抗裂砂浆 7—内饰面	30～40	20～30
2	多孔砖墙玻化微珠保温砂浆内保温		1—外饰面 2—200厚多孔砖 3—水泥砂浆找平层 4—界面剂 5—玻化微珠保温浆料 6—5厚抗裂砂浆 7—内饰面	30～40	20～30

序号	名称	构造简图	构造层次	保温材料厚度（mm）	
				夏热冬冷地区	夏热冬暖地区
3	非黏土实心砖墙胶粉聚苯颗粒内保温		1——外饰面 2——240厚非黏土实心砖墙 3——水泥砂浆找平层 4——界面剂 5——胶粉聚苯颗粒 6——5厚抗裂砂浆 7——内饰面	25～35	20～30
4	多孔砖墙胶粉聚苯颗粒内保温		1——外饰面 2——200厚多孔砖 3——水泥砂浆找平层 4——界面剂 5——胶粉聚苯颗粒 6——5厚抗裂砂浆 7——内饰面	25～35	25～30
5	非黏土实心砖墙石膏复合保温板内保温		1——外饰面 2——240厚非黏土实心砖墙 3——水泥砂浆找平层 4——界面剂 5——挤塑聚苯板 XPS 6——10mm 石膏板	20～30	20～30
6	多孔砖墙石膏复合保温板内保温		1——外饰面 2——200厚多孔砖 3——水泥砂浆找平层 4——界面剂 5——挤塑聚苯板 XPS 6——10mm 石膏板	20～30	20～30
7	混凝土空心砌块石膏复合保温板内保温		1——外饰面 2——190厚混凝土空心砌块 3——水泥砂浆找平层 4——界面剂 5——挤塑聚苯板 XPS 6——10mm 石膏板	/	25～30

注："/"表示该构造热惰性指标偏低，围护结构热稳定性差，不建议采用。

A.0.5 夏热冬冷和夏热冬暖地区外遮阳形式及遮阳系数，可按表 A.0.5 选用。

A.0.6 严寒和寒冷地区农村居住建筑屋面保温构造形式和保温材料厚度，可按表 A.0.6 选用。

A.0.7 夏热冬冷和夏热冬暖地区农村居住建筑屋面保温构造形式和保温材料厚度，可按表 A.0.7 选用。

外遮阳形式及遮阳系数 表 A.0.5

外遮阳形式	性能特点	外遮阳系数	适用范围
水平式外遮阳		0.85~0.90	接近南向的外窗
垂直式外遮阳		0.85~0.90	东北、西北及北向附近的外窗
挡板式外遮阳		0.65~0.75	东、西向附近的外窗
横百叶挡板式外遮阳		0.35~0.45	东、西向附近的外窗
竖百叶挡板式外遮阳		0.35~0.45	东、西向附近的外窗

注：1 有外遮阳时，遮阳系数为玻璃的遮阳系数与外遮阳的遮阳系数的乘积；
　　2 无外遮阳时，遮阳系数为玻璃的遮阳系数。

严寒和寒冷地区农村居住建筑屋面保温构造形式和保温材料厚度 表 A.0.6

序号	名称	构造简图	构造层次		保温材料厚度（mm）	
					严寒地区	寒冷地区
1	木屋架坡屋面		1——面层（彩钢板/瓦等） 2——防水层 3——望板 4——木屋架层		—	
			5——保温层	锯末、稻壳	250	200
				EPS 板	110	90
			6——隔汽层（塑料薄膜） 7——棚板（木/苇板/草板） 8——吊顶		—	

续表

序号	名称	构造简图	构造层次		保温材料厚度（mm）	
					严寒地区	寒冷地区
2	钢筋混凝土坡屋面 EPS/XPS 板外保温		1——保护层 2——防水层 3——找平层		—	—
			4——保温层	EPS 板	110	90
				XPS 板	80	60
			5——隔汽层 6——找平层 7——钢筋混凝土屋面板		—	—
3	钢筋混凝土平屋面 EPS/XPS 板外保温		1——保护层 2——防水层 3——找平层 4——找坡层		—	—
			5——保温层	EPS 板	110	90
				XPS 板	80	60
			6——隔汽层 7——找平层 8——钢筋混凝土屋面板		—	—

夏热冬冷和夏热冬暖地区农村居住建筑屋面保温构造形式和保温材料厚度 表 A.0.7

序号	名称	简图	构造层次		保温材料厚度（mm）	
					夏热冬冷地区	夏热冬暖地区
1	木屋架坡屋面		1——屋面板或屋面瓦 2——木屋架结构		—	—
			3——保温层	散状或袋装锯末、稻壳等	80	80
				EPS 板	60	60
				XPS 板	40	40
			4——棚板 5——吊顶层		—	—
2	钢筋混凝土坡屋面		1——屋面瓦 2——防水层 3——20厚1:2.5水泥砂浆找平		—	—
			4——保温层	憎水珍珠岩板	110	110
				EPS 板	50	50
				XPS 板	35	35
			5——20厚1:3.0水泥砂浆 6——钢筋混凝土屋面板		—	—

序号	名称	简图	构造层次	保温材料厚度(mm)	
				夏热冬冷地区	夏热冬暖地区
3	通风隔热屋面		1——40厚钢筋混凝土板 2——180厚通风空气间层 3——防水层 4——20厚1:2.5水泥砂浆找平 5——水泥炉渣找坡	—	—
			6——保温层　憎水珍珠岩板	60	60
			6——保温层　XPS板	20	20
			7——20厚1:3.0水泥砂浆 8——钢筋混凝土屋面板	—	—
4	正铺法钢筋混凝土平屋面		1——饰面层(或覆土层) 2——细石混凝土保护层 3——防水层 4——找坡层	—	—
			5——保温层　憎水珍珠岩板	80	80
			5——保温层　XPS板	25	25
			6——20厚1:3.0水泥砂浆 7——钢筋混凝土屋面板	—	—
5	倒铺法钢筋混凝土平屋面		1——饰面层(或覆土层) 2——细石混凝土保护层	—	—
			3——XPS板保温层	25	25
			4——防水层 5——20厚1:3.0水泥砂浆找平 6——找坡层 7——钢筋混凝土屋面板	—	—

附录3 与农村地区太阳能利用技术相关的标准政策汇总

一、建筑节能技术类

1. 《被动式太阳房热工技术条件和测试方法》GB/T 15405—2006
2. 《被动式太阳能建筑技术规范》JGJ/T 267—2012

二、建筑用能系统及设备类

1. 《太阳能集热器热性能试验方法》GB/T 4271—2007
2. 《户用沼气池施工操作规程》GB/T 4752—2002
3. 《太阳能供热采暖工程技术规范》GB 50495—2009
4. 《民用建筑太阳能光伏系统应用技术规范》JGJ 203—2010
5. 《家用太阳热水系统安装、运行维护技术规范》NY/T 651—2002

参 考 文 献

[1] 邓蓉敬. 长三角地区新能源利用及产业发展综述 [J]. 当代社科视野，第 5 期，8-14（2009）.

[2] 吴敏莉. 夏热冬冷地区居住建筑墙体保温节能特性研究 [D]. 浙江大学，2014.

[3] 卢玫珺. 夏热冬冷地区居住建筑节能评价研究 [D]. 浙江大学，2006.

[4] 杨敏林，杨晓西，林汝谋，袁建丽. 太阳能热发电技术与系统 [J]. 热能动力工程，2008，03：221－228，325.

[5] 杨薇. 夏热冬冷地区住宅夏季热舒适状况以及适应性研究 [D]. 湖南大学，2007.

[6] 张无敌，张成，尹芳等. 农村太阳能利用技术 第 1 版 农村能源利用丛书. 北京：化学工业出版社，2012.

[7] 中国太阳能建筑应用发展研究报告课题组编写，徐伟等主编. 中国太阳能建筑应用发展研究报告 第 1 版. 北京：中国建筑工业出版社，2009.

[8] 高庆龙. 被动式太阳能建筑热工设计参数优化研究 [D]. 西安建筑科技大学，2006.

[9] 赵夏. 住宅建筑被动式节能设计研究 [D]. 太原理工大学，2013.

[10] 王蕾，姜曙光. 被动式太阳房适应性及经济性研究 [J]. 建筑经济，2010，12：83-86.

[11] 曾艳. 被动式太阳房的理论与试验研究 [D]. 西安建筑科技大学，2007.

[12] 施骏. 农村太阳能开发利用技术 第 1 版 新农村建设丛书. 北京：中国三峡出版社，2008.

[13] 张阳，武六元. 零辅助热源被动式太阳房地域分布区划研究 [J]. 西安建筑科技大学学报（自然科学版），2000，03：227－229，233.

[14] 孙晓光，王新北，左艳飞. 太阳能在建设领域推广与应用 第 1 版. 北京：中国建筑工业出版社社，2009.

[15] 常振明，韩平，曲春洪. 可再生能源利用现状与未来展望 [J]. 当代石油石化，2004，12（12）：19. 23.

[16] 赵玉文. 太阳能利用技术的发展概况和趋势 [J]. 中国电力，2003，36（9）：63. 69.

[17] 中国电力科学研究院生物质能研究室. 生物质能及其发电技术 [M]. 中国电力出版社，2008.

[18] Xiaomei, Brett. Renewable energy-the path to sustainability [J]. Ecological Economy, 2008 (1)：15-23.

[19] Amon T, Mayr H, Eder M, et al. EU Agro Biogas Project [J]. [s. n.], 2009：11.

[20] 中华人民共和国国家统计局 [EB/OL]. http：//data. stats. gov. cn/, 2014-12-22.

[21] 张力小，胡秋红，王长波. 中国农村能源消费的时空分布特征及其政策演变 [J]. 农业工程学报，2012，27（1）：1-9.

[22] 郑海燕，付吉国，杨俊杰. 压缩天然气技术在城镇供气的应用 [J]. 煤气与热力，2003，23（02）：92-94.

[23] 周伟国，江金华，刘步若. CNG 和 LNG 作为城市燃气气源的优越性 [J]. 交通与港航，2002，16（4）：32-34.

[24] 曾锦森，穆伟明. 液化石油气混空气供气方式分析 [J]. 煤气与热力，1999，19（4）：30-32.

[25] Yan C, Yang W, Riley J T, et al. A novel biomass air gasification process for producing tar-free higher heating value fuel gas [J]. Fuel Processing Technology, 2006, 87 (4)：343-353.

[26] 徐曾符. 中国沼气工艺学 [M]. 北京：农业出版社，1981.

[27] Tiwari G N, Chandra A. A solar-assisted biogas system：A new approach [J]. Energy Conversion

&. Management，1986，26（2）：147-150.

[28] Alkhamis T M, El-Khazali R, Kablan M M, et al. Heating of a biogas reactor using a solar energy system with temperature control unit [J]. Solar Energy, 2000, 69 (3): 239-247.

[29] Axaopoulos P, Panagakis P, Tsavdaris A, et al. Simulation and experimental performance of a solar-heated anaerobic digester [J]. Solar Energy, 2001, 70 (2): 155-164.

[30] Axaopoulos P, Panagakis P. Energy and economic analysis of biogas heated livestock buildings [J]. Biomass &. Bioenergy, 2003, 24 (3): 239-248.

[31] Yiannopoulos A C. Design and analysis of a solar reactor for anaerobic wastewater treatment [J]. Bioresource Technology, 2008, 99 (16): 7742-7749.

[32] Kumar K V, Bai R K. Solar greenhouse assisted biogas plant in hilly region-A field study [J]. Solar Energy, 2008, 82 (10): 911-917.

[33] 王飞. 沼气工程太阳能双效增温系统热平衡分析 [J]. 农机化研究，2010，32（2）：60-62.

[34] 苑建伟. 农村生态校园沼气系统太阳能增温技术研究 [D]. 西北农林科技大学，2007.

[35] 邱凌，梁勇，邓媛方等. 太阳能双级增温沼气发酵系统的增温效果 [J]. 农业工程学报，2011（S1）：166-171.

[36] 赵金辉，谭羽非，白莉. 寒区太阳能沼气锅炉联合增温沼气池的设计 [J]. 中国沼气，2009，27（3）：34-35.

[37] 张培栋，杨艳丽. 基于太阳能和生物质能的半干旱地区农村生态住宅设计 [J]. 可再生能源，2008，26（5）：101-104.

[38] Su Y, Tian R, Yang X H. Research and Analysis of Solar Heating Biogas Fermentation System [J]. Procedia Environmental Sciences, 2011, 11: 1386-1391.

[39] 岳华. 基于三级恒温沼气生产的热电联供系统性能分析 [D]. 兰州理工大学，2010.

[40] 冯永强. 三级恒温沼气冷热电联供系统的构建与优化研究 [D]. 兰州理工大学，2011.

[41] 沈佳悦. 太阳能加热的三级恒温沼气生产系统运行策略优化研究 [D]. 兰州理工大学，2012.

[42] 袁顺全，千怀遂. 气候对能源消费影响的测度指标及计算方法. [J]. 资源科学，2004，6（26）：125-130.

[43] Jager J. 气候与能源系统 [M]. 北京：气象出版社，1988.

[44] 张家诚，高素华，潘亚茹. 我国温度变化与冬季采暖气候条件的探讨 [J]. 应用气象学报，1992，3（1）：70-75.

[45] C. Cormio, M. Dicerato, A. Minoia, M. Trovato. A regional energy planning methodology including renewable energy sources and environmental constraints [J]. Renewable and Sustainable Energy Reviews, 2003 (7), 99-130.

[46] 张丽娜. 重庆市农村能源供需分析及其政策研究 [D]. 重庆大学，2006. DOI: 10. 7666/d. d019036.

[47] 侯红岩. 上海典型村镇用能现状分析及供能方案研究 [D]. 同济大学，2007.

[48] 王志锋. 陇中黄土丘陵地区农村生活能源潜力估算及消费结构分析 [D]. 兰州大学，2007.

[49] 王婧. 村镇低成本能源系统生命周期评价及指标体系研究 [D]. 同济大学机械工程学院，2008.

[50] GB 50028—2006，城镇燃气设计规范 [S]. 北京：中国建筑工业出版社，2009.

[51] GB 50494—2009，城镇燃气技术规范 [S]. 北京：中国建筑工业出版社，2009.

[52] Chen Y, Hu W, Sweeney S. Resource availability for household biogas production in rural China [J]. Renewable and Sustainable Energy Reviews, 2013, 25: 655-659.

[53] 王晓明，唐兰，赵黛青，郝海青，王欢，王云鹤，朱赤晖. 中国生物质资源潜在可利用量评估 [J]. 三峡环境与生态，2011，32（5）：38-42，62.

［54］ C. Liao and Y. Yan，C. Wu，H. Huang. Study on the distribution and quantity of biomass residues resource in China ［J］. Biomass and Bioenergy，2004，27：111-117.

［55］ X. Zeng，Y. Ma and L. Ma. Utilization of straw in biomass energy in China ［J］. Renewable&Sustainable Energy Review，2007，11：976－987.

［56］ 张培栋，杨艳丽，李光全，李新荣. 中国农作物秸秆能源化潜力估算 ［J］. 可再生能源，2007，25（6）：80-83.

［57］ Batzias F A，Sidiras D K，Spyrou E K. Evaluating livestock manures for biogas production：a GIS based method ［J］. Renewable Energy，2005，30（8）：1161-1176.

［58］ 汤云川，张卫峰，马林等. 户用沼气产气量估算及能源经济效益 ［J］. 农业工程学报，2010，（3）：281-288.

［59］ 全国农村沼气工程建设规划（2011—2015 年）［R］. 北京：中国农业部，2012.

［60］ 陈豫. 中国农村户用沼气区域适宜性与可持续性研究 ［D］. 西北农林科技大学，2011.

［61］ 李红妹. 基于农户调查的黄河流域农村户用沼气适宜性评价研究 ［D］. 中国农业科学院，2011.

［62］ 林聪. 沼气技术理论与工程 ［M］. 北京：化学工业出版社，2007.

［63］ 涂鹤馨. 北方地区村镇沼气集中供应技术研究 ［D］. 哈尔滨工业大学，2013.

［64］ 张全国. 沼气技术及其应用 ［M］. 北京：化学工业出版社，2005.

［65］ NY/T2371-2013，农村沼气集中供气工程技术规范 ［S］. 北京：中国标准出版社，2013.

［66］ NTJT07-2005，日光温室建设标准 ［S］. 北京：中国标准出版社，2005.

［67］ 王小勇. 新型日光温室保温被的研制和性能研究 ［D］. 天津工业大学，2012.

［68］ Klein S A. Calculation of monthly average insolation on tilted surfaces ［J］. Solar Energy，1976，19（4）：325-329.

［69］ Hay J E. Calculation of monthly mean solar radiation for horizontal and inclined surface ［J］. solar Energy，1979. 23（4）：301-307.

［70］ 朱颖心. 建筑环境学 ［M］. 北京：中国建筑工业出版社，2005.

［71］ GB50736－2015，民用建筑供暖通风与空气调节设计规范 ［S］. 北京：中国建筑工业出版社，2015.

［72］ 谢光明. 太阳能光热转换的核心材料——光谱选择性吸收涂层的研究与发展过程 ［J］. 新材料产业，2011（5）.

［73］ 王凯，李清平，宫敬等. 半埋热油管道传热研究 ［J］. 西南石油大学学报：自然科学版，2012，2（2）：173-179.

［74］ 中国气象局气象信息中心气象资料室. 中国建筑热环境分析专用气象数据集 ［M］. 北京：中国建筑工业出版社，2005.

［75］ 缪则学，宋明芝，赵哈乐等. 北方农村沼气池干发酵的应用试验 ［J］. 中国沼气，1988（4）.

［76］ 冯荣，李金平，杨捷媛. 基于太阳能和沼气互补供暖系统的农村节能建筑优化. 中国沼气 2015，33（6）：84-89.

［77］ 太阳能热利用产业联盟. 2016 年太阳能热利用行业发展报告.

［78］ 杨金良. 太阳热水工程智能控制系统的设计 ［J］. 中国建设动态：阳光能源，2005（2）：49-50.

［79］ 张智峰. 太阳能光伏发电系统控制器的设计 ［J］. 科技创新导报：工程技术，2010（21）：117.

［80］ 金吉祥，杨晓华等. 太阳能集中热水系统设计与施工. 施工技术. 2009，38（11）：67-71.